社会基盤施設の建設材料

―環境負荷軽減と資源の循環活用―

関　　博　　井上　武美
木村　秀雄　　秋山　充良　共著

理工図書

序

　環境と社会基盤材料をテーマとして「環境材料学」を出版したのは 2005 年 5 月であった。出版後ほぼ 10 年を経過して，社会もあらたな変革を模索し進みつつある。このため、できる限り内容を改め、"社会基盤施設の建設材料－環境負荷軽減と資源の循環活用－" として発刊することとした。この 10 年の間に，環境問題に関して世間の認識は深まり対応策も検討され続けている。世界的には環境問題，とりわけ地球温暖化は大きな課題であり，IPCC（国際連合気候変動に関する政府間パネル）でも多くの知見が蓄積され将来的な予測がなされている。1997 年 12 月の京都議定書の採択以降，COP（国際連合気候変動枠組条約締約国会議）では温室効果ガスの排出や規制に関して新たな議定書を策定すべく多くの議論がなされてきた。2015 年 12 月には 2020 年以降の地球温暖化防止の新たな枠組みとなる「パリ協定」が採択され 2016 年には協定は発効する。本協定は、途上国を含むほぼ全世界の国々が参加した協定となっている。

　第 1 章では近代社会における著しい環境変化について示し、「大量生産・大量消費・大量廃棄」から「最適生産・最適消費・最小廃棄」を指向するために「循環型社会」の構築が不可避であり、その取り組み状況を述べた。

　第 2 章では社会基盤整備と環境の関わりを述べた。社会基盤施設は施設規模が大きくその整備に投入される資源は膨大であり，環境に対する負荷は無視しえないものとなっており，環境負荷の予測が不可欠な課題となっている。社会基盤施設の整備は国民生活に多くの便益をもたらすが，一方において環境に対する対応が強く求められる所以である。社会基盤施設の建設，管理・運営，廃棄のプロセスにおいて，環境負荷を低減するために

　　社会基盤施設の長寿命化

　　他分野での産業副産物の積極的な活用

　　施設廃棄における廃棄物の有効利用・再利用

が求められてきている。本章では、具体的に温室効果ガス（特に CO_2）の算

定方法を新たに示している。

第3章では社会基盤施設の主要材料に関して撤去施設の再利用や産業副産物の積極的活用に触れており，これらは地球規模ではグローバルに環境負荷の低減や資源の有効活用に寄与することとなる。特に，施設廃棄における廃棄物の有効利用・再利用では，廃棄資材の積極的な再利用技術などを解説した。

第4章から第6章では社会基盤施設の主要材料であるコンクリート，鋼，アスファルトを対象として，使用方法，品質などの項目に関して基本的な内容を提示するとともに，一部，再生材料を取り込んだ材料としての活用方法を述べた。

最終章の7章では将来展望として社会の持続的発展（sustainable development）を果たすために必要なビジョン（環境負荷の最小化と社会負担の低減）を提言し，ライフサイクルの視点からLCA（ライフサイクルの環境影響評価）などの解析の重要性を提示した。

以上，本書は7章から構成されており，ここ10数年ほどの環境に対する動向を通覧し，社会基盤施設の材料に関してできるだけ最近の技術を取り込むように努めた。

本書は主に社会基盤施設に携わる学生（大学や高等専門学校）を念頭に置いて執筆したものである。このため，用語にできるだけ注釈を加え章間の関連も示して理解を早めるとともに，トピックスを記載して興味を高める工夫を行った。さらに，学生のみならず，技術者，研究者にとっても環境負荷の低減を意識して本書を有効に活用していただければ幸いである。

今回も新たな視点からの本書の改訂出版にご尽力いただいた理工図書(株)の企画・出版担当者に深甚の謝意を表するものである。また，本書作成にあたり多くの文献の図表を引用・参考させていただいており，引用・参考をご許可いただいた関係各位に御礼申し上げるものである。なお，著者らの不敏から不適切な記述や誤りがあることを危惧している。これらに関しては，読者にお許しを願うとともにご指摘いただくことを切望する次第である。

2016年10月

関　博　井上　武美　木村　秀雄　秋山　充良

―― 【執筆分担】 ――

第1章，第2章，第3章 3.1／関　博

第3章 3.2，3.4 (1)／木村　秀雄

第3章 3.3，3.4 (2)～(4)／井上　武美

第4章 4.1～4.5，4.6 (1)～(2)／関　博

第4章 4.6 (3)／秋山　充良

第5章／木村　秀雄

第6章／井上　武美

第7章／秋山　充良

iv

目　次

第1章　地球環境の変化と循環型社会 ……………………………… 1

1.1　近代社会と環境変化 ……………………………………………… 1

1.2　世界における環境の課題に対する取り組み ………………… 4

1.3　循環型社会の構築 ………………………………………………… 6

1.4　日本の物質収支 …………………………………………………… 9

1.5　社会基盤整備と物質循環 …………………………………… 11

まとめ ………………………………………………………………… 12

第2章　構造物の建設と環境アセスメント ……………………… 13

2.1　社会基盤の整備と投資 ………………………………………… 13

2.2　基盤施設の整備と環境保全 …………………………………… 14

2.3　生涯炭酸ガス発生量（LCCO$_2$）の算定と評価 ………… 21

2.4　LCCO$_2$における社会基盤施設の建設から廃棄まで ……… 22

2.5　環境影響の低減策—CO$_2$の削減方法— …………………… 24

まとめ ………………………………………………………………… 26

第3章　産業副産物の活用 ………………………………………… 29

3.1　コンクリート材料 ……………………………………………… 29

　(1) マテリアルフロー／29

　(2) 産業副産物の活用／31

3.2　鉄鋼材料 ………………………………………………………… 38

3.3　アスファルト材料 ……………………………………………… 39

　(1) アスファルト系材料／40

　(2) 骨材／44

　(3) 添加剤／49

目　次　　　v

　3.4　産業副産物 ……………………………………………… 50
　　(1) 鉄鋼スラグ／ 50
　　(2) エコスラグ／ 53
　　(3) 石炭灰／ 54
　　(4) 他産業再生資材／ 55
　まとめ ……………………………………………………… 57

第4章　構造材としてのコンクリートの利用 ………………… 59

　4.1　コンクリートに要求される性能 ……………………… 59
　4.2　使用材料と品質 ………………………………………… 60
　　(1) 使用材料の構成／ 60
　　(2) セメント／ 62
　　(3) 練混ぜ水／ 65
　　(4) 骨材／ 66
　　(5) 混和材料／ 72
　　(6) コンクリートの配合／ 81
　4.3　フレッシュコンクリートの特性 ……………………… 86
　　(1) コンクリートの施工性能／ 86
　　(2) ワーカビリティー／ 87
　　(3) ポンパビリティー／ 89
　　(4) 凝結特性／ 89
　　(5) セメントの水和と硬化／ 90
　　(6) 施工段階のひび割れ／ 92
　4.4　硬化コンクリートの特性 ……………………………… 97
　　(1) コンクリートの性能と構造体性能／ 97
　　(2) コンクリートの強度／ 100
　　(3) コンクリートの物理的性質／ 107
　4.5　コンクリートの耐久性 …………………………………115

（1）コンクリートの供用寿命と耐久性能／115

（2）塩害と耐久性／119

（3）中性化と耐久性／123

（4）アルカリ骨材反応と耐久性／125

4.6 コンクリートの再利用 ……………………………………………… 127

（1）コンクリートの再生／127

（2）再生骨材コンクリート／129

（3）再生骨材を用いたコンクリート部材の構造性能／137

まとめ ……………………………………………………………………… 140

第5章 構造材としての鋼材 ……………………………………………… 145

5.1 鋼の製造と製品 ……………………………………………………… 145

（1）鉄鋼の製造／145

（2）製品／150

5.2 鋼の性質 ……………………………………………………………… 152

（1）冶金的性質／150

（2）機械的性質／156

（3）腐食／162

5.3 鋼の構造物の製作・施工 …………………………………………… 162

（1）工場製作／163

（2）鋼材を用いた工法／168

5.4 鋼の構造物の防食 …………………………………………………… 170

（1）被覆防食工法／170

（2）電気防食工法／172

まとめ……………………………………………………………………… 173

第6章 舗装材料としてのアスファルトの利用 ……………………… 175

6.1 アスファルトコンクリートの種類 ………………………………… 176

目　次　　　vii

(1) アスコンの種類／ 176

(2) 加熱アスコンの特性値／ 178

6.2　アスファルトコンクリートの特性 ………………………………… 180

(1) 物理特性／ 180

(2) 化学特性／ 182

(3) その他の特性／ 183

6.3　アスファルトコンクリートの施工 ………………………………… 183

(1) 製造／ 183

(2) 運搬／ 185

(3) 舗設／ 185

6.4　アスファルトコンクリートの耐久性 ……………………………… 186

(1) 機能的性能（路面性状）／ 188

(2) 構造的性能／ 189

(3) その他の性能／ 190

(4) 舗装のパフォーマンス／ 191

6.5　アスファルトコンクリートの再生利用 ………………………… 192

(1) プリベンティブ・メンテナンス（予防的維持）／ 194

(2) 再生アスファルト工法／ 195

(3) 修繕工法と $LCCO_2$ ／ 197

6.6　環境に配慮した各種アスファルトコンクリートの利用 ………… 199

(1) 環境空間の景観形成／ 199

(2) 沿道環境の保全（環境負荷軽減の各種のアスコン）／ 199

まとめ ………………………………………………………………… 202

第 7 章　社会の持続的発展のために建設分野が果たすべき役割 …… 205

まとめ ………………………………………………………………… 211

索引 …………………………………………………………………… 212

トピックス

文明と環境／4

地球上の CO_2 ／5

エコロジカル・リュックサック（エコ・リュックサック）／19

バレル／41

Black Magic／50

製鉄副生ガス／52

ゴミ捨て場，埋め立て，土地造成，夢の島／56

ポリマーコンクリート／61

特殊セメントについて／63

CO_2 を吸収するコンクリート用混和材／74

フレッシュコンクリート中の空気量の測定／77

コンクリートの単位量と容積／84

高流動コンクリート／87

水中コンクリートとは？／95

日本最初の鉄筋コンクリート（琵琶湖疎水）／98

既設構造物の強度推定／103

コンクリートは電気絶縁体？／107

コンクリート中鉄筋の電気防食／122

完全リサイクルコンクリート／133

大入熱溶接／166

舗装と火傷／180

路床の意味／181

長寿命化舗装／187

Built Environment／195

第1章

地球環境の変化と循環型社会

1.1　近代社会と環境変化

イギリスの産業革命を端緒として近代技術は 18 ～ 20 世紀に亘って著しい進歩を遂げ，人間社会の福祉や安寧に大きな貢献を果してきた。この間，人口と経済は増大を続け，特に 20 世紀後半の半世紀でみると，人口で 2.2 倍，GDP[注1] で 5.5 倍に拡大している。科学技術の人間社会への貢献は極めて大きなものがあるが，一方では地球の有限性が問題となりつつある。これらは，[1.1]

①　資源の再生能力や資源そのものの有限性

　　生物（木や植物など）などの再生資源の再生が危惧されており，また，現在の消費量で推移すると鉱物などの消費資源は早い時点で枯渇する（石油で約 50 年，天然ガスで 60 年程度）と推定されている。

②　環境の汚染浄化能力の有限性

　　大量生産・大量消費・大量廃棄の社会システムは既存の自然環境に著しい負荷を与え，自然を破壊し汚染物質を大量に排出する。CO_2 などの温室効果ガスによる地球の温暖化，オゾンホールの拡大などを含めて，地球の汚染浄化能力を越えて環境問題の深刻化が一段と進み，地球全体の生態系をも脅かす状況が憂慮される。

世界人口のすべてが先進国並みに環境に負荷を与え続ければ，地球の環境容量（地球の環境負荷への浄化能力）をはるかに越え，現在でも温室効果ガスの

注 1) GDP：国内総生産（Gross Domestic Product の略) のことで，わが国で言うと国内の日本企業だけでなく外資系企業を含めてある期間に生み出した財やサービスの合計額。

排出量は地球の吸収量の2倍に達したと言われている[1,2]。

　前述のように近代における人類の活動による地球環境への影響は大きなものがある。国連の一機関であるIPCC（気候変動に関する政府間パネル）[注2]の報告（2013年および2014年）によると[1,3]，①人類の排出した温室効果ガスの累積量は地球の気温上昇とほぼ比例する，②現在の温室効果ガスの排出が継続すると今世紀末には温度上昇量は2.6～4.8℃に達し，海面水位は0.45～0.82m上昇する，世界の気温は1906年から2005年で平均0.74℃（0.56～0.92℃）上昇した，③気温上昇を2℃以内の抑えるためには2050年の温室効果ガスの排出量を2010年に対して40～50％減少させ，2100年には排出量をゼロとする必要がある，としている。

　地球温暖化の大きな原因は温室効果ガスの増加，とりわけCO_2の増加といわれている。化石燃料の消費でみると今から百年ほど前は十億t/年であったものが現在は図-1.1に示すように300億t/年以上（2010年）に達しており，今世紀半ばには500億t/年に達すると予想されている[1,2]。化石燃料1tを消費するとほぼ同量のCO_2を放出するといわれている。現在(2010年資料)の世界のCO_2放出量は，中国24.0％，アメリカ17.7％，EU9.8％，インド5.4％，ロシア5.2％，日本3.8％となっており，先進国のみならず数か国の新興国での放出量が多い[1,2]。

　わが国では環境問題に関しては年代とともに新たな課題が認識されてきた。たとえば，①1950年以降は産業における大気や水質の汚染，②1970年代に入ると，都市における環境問題（排ガス，光化学スモッグ，ヒートアイランドなど），③1980年代後半からは廃棄物問題，④1990年前半からはグローバルな地球環境問題（温室効果による温度上昇など），⑤1990年代後半にはい

注2）IPCC：Intergovernmental Panel on Climate Change の略で国連の気候変動に関する政府間パネル。世界中で発表された論文から地球温暖化に関する研究成果をまとめ，その要因を精査するとともに必要な対策を提言する。

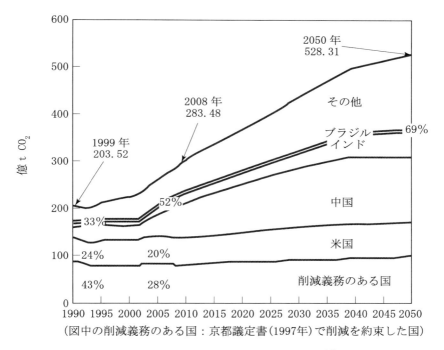

図-1.1　世界のCO_2排出量の長期見通し[1,2)]

ると有害物質問題（ダイオキシン，PCB[注3)]など）など，多くの課題が提起されそれぞれの対処が計られ，環境の時間的・空間的規模が有限であること，環境問題は地球的規模で取り組むべきことが強く認識されるようになってきた。

注3) PCB：ダイオキシン類に分類され，ポリ塩化ジベンゾ-パラ-ジオキシン（PCDD），ポリ塩化ジベンゾフラン（PCDF），コプラン・ポリ塩化ビフェニル（Co-PCB）の総称。発生源としては廃棄物の焼却時，製造業での燃焼行程、農薬の不純物、PCB製品などが指摘されている。内分泌かく乱作用があると言われている。

4 第1章　地球環境の変化と循環型社会

```
┌─────────────────────────────────────────────────────────────┐
│  ███ トピックス ███              文明と環境                    │
├─────────────────────────────────────────────────────────────┤
```

　古より多くの文化が栄え崩壊する例を見てきた。崩壊した原因はいろいろあるが，一つの要因としては過度の環境破壊が社会基盤を不安定なものとしたと推定されるものもある。

　たとえば，紀元前5300年頃にチグリスユーフラテス川に栄えたシュメール文明では，両川の灌漑用水を用いた農耕が産業の中心であったが，紀元前2000年ごろより気候の乾燥化によって用水の塩分が蓄積し塩類に弱い小麦の生産が徐々に減少した。すなわち，塩害による土壌劣化・土地の荒廃とそれに基づく飢饉がシュメール文明を滅ぼしたといわれている。

　ローマも紀元前500年頃は森林を有していたといわれている。しかし，建物の建設や暖房などで木材を消費し土地は荒廃し，また，不在地主による大土地所有による農地の不適切な管理により，4世紀ごろには食料は北アフリカに依存するようになった。結果として，食糧不足により社会は混乱し，ローマの滅亡を早めたと言われている。

　これらの事例は，文明の繁栄は環境に大きく依存し，環境に与える影響が過度となると文明の基盤が崩壊することを示唆している。

　引用文献

　佐久田　昌治：展望　建設産業と環境ビジネスーその原点と成功のかぎ，セメント・コンクリート，No.686, pp.1~8, 2004.4

```
└─────────────────────────────────────────────────────────────┘
```

1.2　世界における環境の課題に対する取り組み

　顕在化する環境問題に対して世界的規模で取り組むべく，国際社会では1992年に国連環境開発会議（地球サミット，リオデジャネイロ）が開催され，「気候変動に関する国際連合枠組条約」（以下，「気候変動枠組条約」）が締

注4）COP：締約国会議（Conference of the Parties）の略。IPCCの報告を受け，温室効果ガスの削減など具体的な国家間の条約を審議する。

1.2 世界における環境の課題に対する取り組み

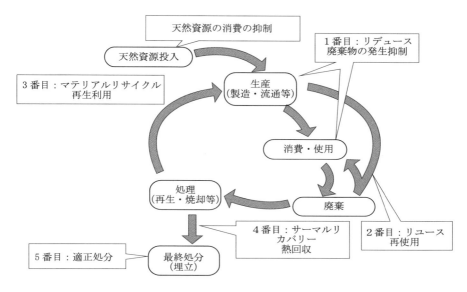

図-1.2 循環型社会の概念 [1,2]

結された。さらに1997年には気候変動枠組条約第3回締約国会議（COP3）[注4)]が京都で開催され，京都議定書が採択され先進国（アメリカは批准せず）のCO_2などの温室効果ガス排出量の削減目標が設定された。京都議定書では1990年を基準にして2008年〜2013年における温室効果ガスの削減目標（約5％）を設定しており，日本の削減目標は6％であった。このため，わが国でも1998年には「地球温暖化防止法」が制定され，1999年には「地球温暖化防止対策に対する基本方針」が閣議決定され個別の環境対策に止まらず社会シ

トピックス　　　　　　　　　　地球上のCO_2

　地球上のCO_2は、大気中で7,000億t、陸上の生物や土壌中で20,000億t、海洋中で400,000億tといわれ、その比率は1：3：60で海洋で蓄積する量が圧倒的に多い。

ステム全般の変革を求める姿勢を打ち出している。世界における 2020 年以降の温室効果ガス排出量の削減に関する枠組に関しては、2015 年の第 21 回国際連合気候変動枠組条約締約国会議 (COP21) で、2020 年以降の地球温暖化防止の新たな枠組みとなる「パリ協定」が採択され、途上国を含むほぼ全世界の国々が参加した協定となっており, 2016 年 11 月には協定は発効する。「パリ協定」では、①全体の目標として産業革命前からの平均気温上昇を 2 ℃未満に抑え、1.5 ℃以内に向けて努力すること、②各国は①を達成するために CO_2 等の温室室効果ガスの削減目標を設定する、などとなっている。日本は 2030 年度において「2013 年度比で 26 ％減」とする削減目標を掲げている。議論の基となるのは, 国連の IPCC [前注2)] (気候変動に関する政府間パネル) が数年ごとに発表している学術的な地球温暖化に関する報告書である。

1.3 循環型社会の構築

環境を保全し資源を有効利用して持続可能な社会とするために, 「循環型社会」の構築の必要性が求められている。「大量生産・大量消費・大量廃棄」のライフサイクルを見直して「最適生産・最適消費・最小廃棄」の社会を指向することが必要である。図 -1.2 に示すように 1 番目：廃棄物などの発生を抑制し (reduce), 2 番目：ものの再使用 (reuse) や 3 番目：③再生利用 (recycle) をすすめ（いわゆる, 3 R）, 天然資源の消費を抑制し環境への負荷を低減する努力が必要となるのである [1.2)]。ただし, やみくもにリサイクルを推し進めると, かえってコストの増加や環境への負荷を増大させることになるが [注5)], 資源の有効利用を図り環境への負荷を低減するためには 3 R を積極的に図り物質循

注 5) やみくもなリサイクル推進：たとえば, ペットボトルを石油から作り製品となるまでに必要な石油の使用量は約 40g であるが, このボトルを使用後にリサイクルしようとすると, そのときに必要な石油（エネルギー消費量）は約 150g となり, 約 3.8 倍の石油が必要となる [1.4)]。

1.3 循環型社会の構築 7

環を推し進めて廃棄物の低減化ないしゼロエミッションが求められている。このために，循環型社会を形成するための施策として，図-1.3に示す法体系がつくられている。すなわち，基本的枠組みを定めた「循環型社会形成推進基本法」（2001年施行）のもとに，廃棄物の適正処理を定めた「改正廃棄物処理法（略称）」（1970年成立，2001年改正・施行），リサイクルの推進方策を定める「資源有効利用促進法（略称）」（1991年成立，2001年改正・施行）および国等が率先して再生品を調達することを定めた「グリーン購入法（略称）」（2001年施行）がある。また，個別物品を規制するものとしてたとえば「建設リサイクル法（略称）」（2002年施行）が定められている[注6]。建設行為で発生した廃棄物のそれぞれの位置付けは図-1.4に示している（6.5参照）。

わが国は，資源小国といわれ資源を大切に使う習慣が徹底していたはずであ

注6) 環境政策を定める基本の法律に「環境基本法」（1994年施行）があり，本文では下位の法律を記述している。これらの目的をより詳しく以下に示す。

循環型社会形成推進基本法：循環型の社会を形成するための基本計画を定めたもので，社会の物質循環の確保，天然資源の消費の抑制，環境負荷の低減の施策を定めている。

廃棄物処理法：廃棄物に関して，発生抑制，適正処理（運搬，処分，再生など），処理施設の設置規制，処理業者に対する規制，処理基準の設定などを定めている。

資源有効利用促進法：再生資源の利用，リサイクル容易な構造や材料の工夫，分別回収のための表示，副産物の有効利用促進などを定めている。

建設リサイクル法：工事の受注者に対して，建築物の分別解体，建設廃材の再資源化などを定めている。再資源化に関しては，木材，アスファルト，コンクリートが対象となる。

グリーン購入法：公共工事に関わる資材，工法（たとえば，法面緑化工法），舗装における排水性舗装などがあるが，コンクリート関連では，高炉セメント，フライアッシュ，再生骨材，（低騒音型建設機械），高炉スラグ骨材，フェロニッケルスラグ骨材，銅スラグ，透水性コンクリートが対象となる。

第1章　地球環境の変化と循環型社会

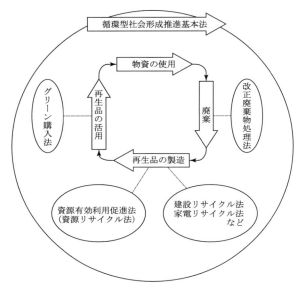

図-1.3　循環各法の役割

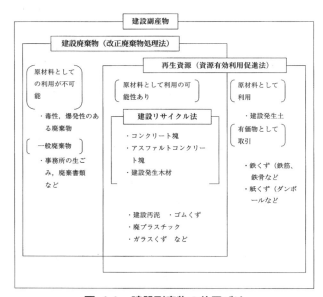

図-1.4　建設副産物の位置づけ

る。「循環型社会」を構築するためには，「消費は美徳」から脱却し最小の物質投入量で最大の満足度が得られる社会を組み立てていく必要がある。社会基盤整備に当たっては環境負荷をできるだけ低減する姿勢が求められており，省資源・省エネルギー，物質循環（ゼロエミッション，リサイクル）に配慮した計画，設計，施工，維持管理が必要となるのである。

1.4 日本の物質収支

図-1.5 はわが国の年間の物質収支を示したものである[1,2)]。経済活動に投入される総物質量は 16.1 億 t であり，そのうち 1.8 億 t は製品として輸出され，7.1 億 t が国内ストック（たとえば，土木構造物，建築物，耐久消費財）として蓄積され，3.2 億 t がエネルギー消費や工業プロセスで排出され，5.7 億 t が廃棄物である（総物質量の約 1/3）。廃棄物のうち 2.5 億 t は再生資源となり，2.2 億 t の廃棄物は埋立て・焼却処分されるが 5/6 は産業廃棄物である。本図から，①天然資源の投入量（13.7 億 t）が高水準である，②天然資源投入量

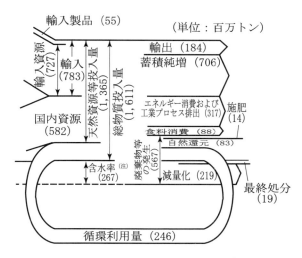

図-1.5 わが国の物質収支[1,2)]

に対し輸出量の比率が低い(流出量は1/7),③再生資源の比率が低い(2.5/16.1 ≒ 1/7),④総廃棄量が高水準である,などが指摘されている。

廃棄物は産業廃棄物(事業者が処理責任)と一般廃棄物(市町村が処理責任)に区別される。図-1.6[1,2]に産業廃棄物の業種別排出量[注7]を示したが,総量は3.9億tであり建設業の排出量は全体の約20%を占めている。

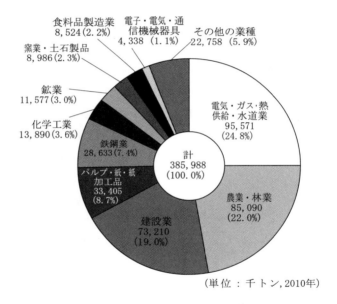

図-1.6 産業廃棄物の業種別排出量[1,2]

注7) 産業廃棄物の総排出量:総排出量は3.86億tであり,このうち再生利用された量は2.04億t(53%),中間処理により減量化された量は1.67億t(43%),最終処分された量は0.14億t(4%)となっている[1,2]。

1.5 社会基盤整備と物質循環

　構造物の建設・改修・補修・廃棄の過程でさまざまな資材が必要とされるが，一方では工事に伴って多量の建設副産物も排出される。建設副産物は「廃棄物処理法」の対象となる「建設廃棄物」と対象外の副産物（建設発生土など）に分類される。建設廃棄物の全産業廃棄物に占める割合や最終処分量の全産業廃棄物に占める割合は高く，環境負荷への影響はきわめて大きい。建設廃棄物の種類を示したものが図-1.7 であり[1.2]，2010 年の時点ではコンクリート塊とアスファルトコンクリート塊は全体のほぼ 80% を占めている。コンクリート塊の埋立などで処理される最終処分量はここ 10 数年で大幅に減少しており，一方再資源化（recycle）などの割合は大幅に増加し 2008 年の時点では 97% に達している[1.5]。2000 年に公布された「建設リサイクル法」が十分運用されていると思われる。

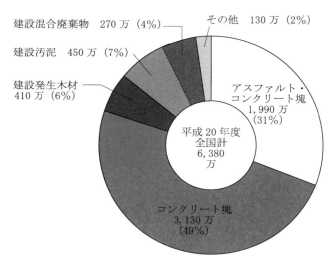

図-1.7 建設廃棄物の種類別排出量[1.2]

まとめ

　地球環境の変化が意識されるようになったのはここ数十年前からのことである。これは，

① 　産業革命の進展により人類は多くのエネルギーを獲得することができるようになったが，一方では膨大なエネルギーの放出が地球環境に大きな影響を与えるようになってきた。

② 　人類が放出するエネルギーや物質は地球が消化できる量を超え，あらためて地球環境は有限であることが認識されるようになってきた。

③ 　地球環境の変化を抑制するために世界的には国連の IPCC（気候変動に関する政府間パネル）が活動し，CO_2 の抑制策などを検討している。

④ 　地球の有限な資源を有効に活用するためには循環型社会の形成が必要であり，「大量生産，大量消費，大量廃棄」から「最適生産，最適消費，最小廃棄」を指向することが必要である。

引用・参考文献

1.1) 環境省編：環境白書（平成 13 年版）

1.2) 環境省編：環境白書 循環型社会白書 / 生物の多様性白書（平成 25 年版）

1.3) 環境省 HP　IPCC 第 5 次評価報告書について，
　　http://www.env.go.jp/earth/ipcc/5th/index.html

1.4) 武田邦彦：リサイクル幻想，文春新書，No.131, 190pp., 2001.2

1.5) 国土交通白書：循環型社会の形成促進，第 2 節，p.231, 2013

第 2 章
構造物の建設と環境アセスメント

2.1 社会基盤の整備と投資

　戦後の荒廃期から 1990 年代の半ばまで若干の波はあったもののわが国の公共投資は増え続け，社会基盤（産業基盤や生活基盤）の整備は著しいものがあった。しかし，20 世紀末からの成長の鈍化や国民意識の変化によって社会基盤に対する投資額は鈍り，さらには減少する傾向にある。図-2.1 にみられるように[2.1)]，21 世紀の前半の公共投資は高度成長期の 6 割程度に低下すると予測されている。さらに，1950 ～ 1960 年代頃より橋梁，港湾などの建設件数が大いに伸びたが，これら施設の耐用年数をほぼ 50 年と見込むと図-2.2 に見られるように建設後の年数が 50 年を超える施設数は増加傾向にあり，一例として道路橋を取り上げると 2012 年 3 月時点で 16％であったものが 2032 年 3 月には 65％となる[2.2)]。21 世紀前半から施設の更新や維持に多くの経費を必要とすることなり，新設に対する投資は大幅に抑制せざるを得い状況となる。

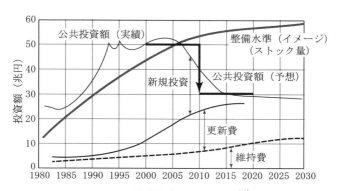

図-2.1 社会資本の長期予測[2.1)]

第2章 構造物の建設と環境アセスメント

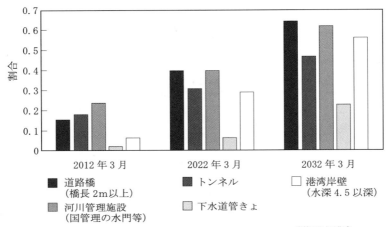

図-2.2 建設後50年以上経過する公共施設の割合[文献2.2)より作成]

アメリカはわが国より数十年前に同様の状況を経験している。1930〜60年代に社会基盤の整備に多くの資本が投下され、1970年代には高速道路網の整備は完了している。このため、1980年代には社会資本に対する投資は最盛期のほぼ半分程度となった。その後の維持管理に対する投資が著しく抑制されたために、「Ruin in America」(荒廃するアメリカ) の用語が示すように、1930〜60年代に建設された施設の荒廃が顕著となったといわれ、高速道路網 (68,000km) の総延長の約2割が再整備や再建設 (たとえば、橋梁では5橋のうち1橋は補強あるいは架替え) が必要となった (p.195の6章トピックス Built Environment 参照)。この対策のために新たな投資が必要となっている。わが国においても既存の施設をできるだけ延命化する対策が求められている。この方向は公共投資の適正運用に利するばかりでなく、新規建設による資源の投入をも抑制することとなり、環境負荷低減にも利するといわれている。

2.2 基盤施設の整備と環境保全

(a) 環境アセスメントについて

産業活動は直接的あるいは間接的になんらかの環境への負荷を発生させる。

これらでは，①資源の消費，②地球温暖化，③オゾン層の破壊，④酸性雨，⑤海洋汚染，⑥森林破壊，⑦砂漠化，⑧野生生物種の減少や絶滅，⑨人体健康被害，⑩土地の改変，などが挙げられる[2.3]。地域環境への影響を評価するためには環境アセスメント（EA）が実施されているが，地球環境への長期的な評価として LCA(Life Cycle Assessment) の考え方が示されてきた（詳細は 7 章参照）。LCA による環境影響評価に関して，生涯炭酸ガス発生量（LCCO$_2$），生涯消費エネルギー（LCE），生涯消費物質量（LCR）などの指標がある。環境影響評価としてよく用いられている手法の一つは生涯炭酸ガス発生量（LCCO$_2$）である。たとえば，構造物の例で簡単に表すと以下となる。

LCCO_2 ＝構造物建設時の CO_2 発生量＋管理運営時における CO_2 発生量[注1]
　　　　＋構造物廃棄時における CO_2 発生量

(b) LCA の実施プロセス

LCA は図-2.3 の枠組みで実施される[2.4]。①目的と範囲を設定する，②イン

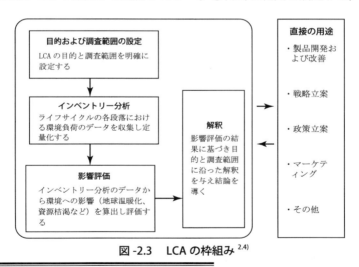

図-2.3　LCA の枠組み[2.4]

注 1）管理運営時の CO_2 発生量：構造物の建設後、供用の段階でも構造物の性能を保持するために維持管理の作業が必要となる。これらは、劣化調査、補修＆補強工事などであり、一連の作業の過程で CO_2 が発生する。

ベントリー分析を行う，③影響評価（インパクト評価）を実施する，④得られた結果を解釈し判定に導く。ただし，実際には必ずしもこの順序が固定されているわけではない。

②のインベントリー分析とは，LCAを実施する対象物に対して，投入される資源やエネルギー（インプット）および生産または排出される製品・排出物（アウトプット）のデータを収集し，環境負荷項目に関する入出力明細表（インベントリー）を作成することであり，LCAで最も重要な作業である。インベントリーデータの集め方には主に以下の2つの方法が考えられている。

積み上げ法：対象物の製造から廃棄に至るプロセスにおいて，具体的にインプットデータやアウトプットデータを調べていく方法である。この方法は，インベントリーの作成根拠を明確にできるかわりに，調査できる範囲に限界がある。

産業連関表：産業連関表（国が1年間に生産・消費するすべての取引量を部門ごとに金額で表したもの）と呼ばれる表を利用する方法で，金額をベースとして直接・間接の投入エネルギーや環境負荷を求めていくものである。この方法ではある製品の直接・間接のインベントリーを理論的に算出できるが，部門分類が粗く部門の平均財についての評価にとどまるという限界も有している。

③の影響評価（インパクト評価）とは，インベントリー分析で得られたデータをもとに，各影響領域（環境影響カテゴリー）に分類し，環境影響を分析評価することである。考慮する環境評価カテゴリーとしては，以下の内容が考えられている。

・資源／エネルギー消費　・地球温暖化　・オゾン層破壊　・酸性雨
・大気／水系への排出　・有害廃棄物　・海洋汚染　・森林破壊／砂漠化
・野生生物種減少　・人体健康被害　・土地利用

(c) LIMEによる環境影響評価

環境影響の評価を総括的に検討するためにいろいろな方法が世界で提案されている。わが国で開発された手法としてLIME（被害算定型影響評価手法：

2.2 基盤施設の整備と環境保全

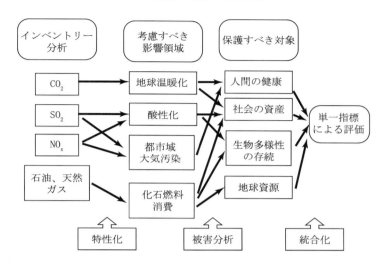

図-2.4　LIME による環境評価の概略の流れ

Life Cycle Impact Assessment Method Based on Endpoint Modeling, プログラムが(社)産業環境管理協会より市販されている）がある[2.5]。LIME による評価のプロセスを簡略的に図-2.4 に示している。この方法では，

① インベントリー分析によって各因子の入出物質量を計算する。
たとえば，CO_2 に対してある物質の使用量と原単位（単位当たりの CO_2 排出量）[注2] から その物質の CO_2 排出量を計算する。

② 各物質の入出物質量に対して重み付けを考え，"特性化係数"を設定し考慮すべき影響領域に振り分ける。

③ 考慮すべき影響領域にある項目が保護すべき対象に与える影響を被害分析によって求める。

注2）原単位：ある物質の消費、物質の製造、輸送と施工、廃棄などにおいて、それぞれの単位当たりで排出する CO_2 量であり、kg-CO_2/単位量で表す。単位量の単位は、たとえば、ガソリンでは "ℓ"、セメントでは "t"、輸送におけるトラックでは、"km・t"、施工時のトラッククレーンでは "h" などがある。詳細は後述する（表-2.2 参照）。

④ 保護すべき対象から単一指標を求めるために "統合化係数" を設定し数値化して，環境評価を統合化する。単一指標としては "相対的な数値"，"金銭的尺度" などを用いる。

(d) 建設活動と環境負荷

　土木建設における環境への負荷はきわめて大きく，一例として建設活動における物質収支（1998 年の資料）を挙げると図 -2.5 である [2.6)]（図 -1.5 とは調査年が異なり数値も相違する）。国内および国外の資源採取，製品輸入，再生使用の合計総量で年間 22.4 億 t が消費され，土木建設用では 7.2 億 t と 32% を占めている。

　社会基盤整備の実際活動における環境負荷への項目と対応の例を表 -2.1 に示している [2.6)]。これらは，①公害の抑制や防止，②建設副産物や廃棄物の抑制，

表 -2.1　構造物建設における環境項目と対応の例 [2.6)]

項目		対応例
①公害の抑制や防止	工事騒音の抑制	敷地境界で規準値以下の騒音（デシベル）とする
		低騒音型の工事用施工機械を採用する
	工事振動の抑制	敷地境界で規準値以下（デシベル）とする
		低振動型の工事用施工機械を採用する
	水質汚濁の防止	排出口での濃度を規準値以下とする
	地盤沈下の防止	予想される沈下量を許容値以下とする
②副産物や廃棄物の抑制	建設副産物の発生抑制	リサイクル率（コンクリート塊，アスファルト・コンクリート塊などの再利用など）を高める
	建設副産物の再資源化	木製型枠などへの再生材の利用をはかる
	廃棄物の適正処理	建設廃棄物を適正に処理・廃棄する
	建設発生土の再利用	発生土の場内利用，近接現場での有効利用をはかる
③資材	熱帯材型枠の削減	代替型枠の利用や再利用をはかる
④間接部門	紙の使用の削減	再生紙の使用率を高める
	オフィス使用電気の削減	不必要照明の消灯など

2.2 基盤施設の整備と環境保全

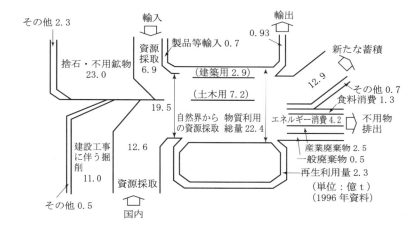

図-2.5 わが国の建設の物質収支 [2.6)]

トピックス　エコロジカル・リュックサック（エコ・リュックサック）

製品などを生産するために移動した物質量から製品の物質量を差し引いたものを重さで表した数値。環境負荷を評価する一つの指標として提案されている。たとえば，下記に示すように建設で使用する材料は一般にエコ・リュックサックは小さいが，希少金属の金では1 kgを得るために540 tの岩石を動かさなくてはならない。

製品など	エコロジカル・リュックサック (kg/kg)	製品など	エコロジカル・リュックサック (kg/kg)
砂，砂利	1.2	転炉鋼	7.0
金	540,000	セメント	3.2
石炭	2.6	コンクリート	1.3
石油	2.9	アスファルト	2.6

文献）日本コンクリート工学協会：委員会報告「環境時代におけるコンクリートイノベーション」，コンクリートの環境性能に関する研究委員会，p.4-17, 2008.8

第 2 章　構造物の建設と環境アセスメント

表 -2.2　建設行為における主な原単位 [2.7)、2.8)]

(1) エネルギーの原単位

エネルギーの種類	単位 (*)	CO$_2$ 排出量 (kg-CO$_2$/*)
石炭	kg	2.36
ガソリン	ℓ	2.31
軽油	ℓ	2.64
天然ガス	kg	2.79
購入電力	kWh	0.407

(2) 輸送の原単位

車種	能力	単位 (*)	CO$_2$ 排出量 (kg-CO$_2$/*)
トラック	ガソリン車 2t	km・t	0.20
	ディーゼル車 2t	km・t	0.23
	ディーゼル車 10t	km・t	0.12
ダンプトラック	ディーゼル車 10t	km・t	0.17
アジテータトラック	0.8-0.9 m³	km・m³	0.39
	3.0-3.2 m³	km・m³	0.28
	4.4-4.5 m³	km・m³	0.25

(3) 材料の原単位

種類	分類	単位 (*)	CO$_2$ 排出量 (kg-CO$_2$/*)
セメント	ポルトランドセメント	t	765.5
	高炉セメントB種	t	457.7
	普通エコセメント	t	774.9
骨材	粗骨材（砕石）	t	2.8
	細骨材（砕砂）	t	3.4
	I 種再生骨材	t	16.3
	III種再生骨材	t	2.8
混和剤		t	250.0
混和材	高炉スラグ微粉末	t	24.1
	フライアッシュ	t	17.9
鉄筋（電炉鋼）		t	755.3
構造鋼（高炉鋼）	形鋼	t	1246.6
	線鋼（ピアノ線など）	t	1311.1
裏込め材	砕石	t	2.8
アスファルト	ストレート	t	234.3
	改質	t	451.2

(4) 施工関連の原単位

種類	施工機械	分類	単位 (*)	CO$_2$ 排出量 (kg-CO$_2$/*)
生コン	コンクリートミキサ	1.5 m³	m³	0.7
		3.0 m³	m³	0.6
		生コンプラント	t	7.7
コンクリート工	アジテータトラック	1.6〜1.7 m³	h	21.9
		4.4〜4.5 m³	h	33.8
	コンクリートポンプ車	ブーム式 90-110 m³/h	m³	0.4
		配管式 90-100 m³/h	m³	0.3
	コンクリートポンプ	定置式 90-110 m³/h	m³	0.2
締固め	棒状電気式フレキシブル	60-70 mm	h	0.2
養生	一般養生		h	−
	蒸気養生		m³	38.5
バックホウ	クローラ型	排ガス対策型	h	51.7
トラッククレーン	油圧式	22 t 吊	h	17.1
散水車		5500-6500 L	h	14.3
発動電動機	ディーゼルエンジン駆動	排ガス対策型 45kVA	h	19.2
土砂締固め	タンパ	25t	h	2.2
トラッククレーン	油圧式	排ガス対策型 45kVA	h	53.6

(5) 解体

種類	構造体, 機械など	分類	単位(*)	CO$_2$ 排出量 (kg-CO$_2$/*)
取壊し	RC, PC	地上から解体	m³	15.6
		地下部分	m³	19.0
		基礎	m³	25.6
	無筋コンクリート	厚さ 0.2 m 未満	m³	6.3
		厚さ 0.2 m 以上	m³	9.3
	トンネル	―	m³	8.2
	舗装	コンクリート舗装	m³	9.0
鉄筋切断	溶接機		m³	0.7
コンクリート類集積	バックホウ	平積み 0.6m³	m³	7.9
大型ブレーカー	油圧式	600-800 kg	m³	29.8
		1300 kg	m³	51.7

2.3 生涯炭酸ガス発生量（LCCO$_2$）の算定と評価　　　21

(6) 廃棄・リサイクル

種類	方法など	分類	単位(*)	CO$_2$排出量 (kg-CO$_2$/*)
処分場	管理型	―	t	3.3
	安定型	―	t	1.6
骨材リサイクル	I 種再生粗骨材	高度処理	t	5.7
	I 種再生細骨材	加熱すりもみ法	t	43.6
	III 種再生粗骨材	現場内処理	t	1.3
		現場外処理	t	2.3

③使用資材の低減，などである。

　建設の活動は直接的あるいは間接的になんらかの環境への変化を伴うものであり環境への負荷も大きいが，上述の①～③を図ることで，環境負荷低減に寄与することも多い。さらに道路の整備で，建設時には環境への影響は大きいが長期的にみると交通渋滞を緩和するなどによる大気汚染の減少を伴うこともあり，このような現象を"環境便益"と呼ぶこともある。

2.3　生涯炭酸ガス発生量（LCCO$_2$）の算定と評価

(a) 算定方法

　前節で LCA に関して記述したが，ここでは生涯炭酸ガス発生量（LCCO$_2$）に焦点を当て，インベントリー分析を積み上げ法によって求めるプロセスを述べる。基本的には構造物の建設・管理運営・廃棄の一連のプロセスにおいて，

　　　（それぞれのプロセスに関与する機器の数・物質の量など）

　　　　　× （機器や物質の単位当たりの CO$_2$ 発生量）

これらを総和することとなる。たとえば，建設行為においては，

　　使用材料の製造によるもの，施工機械の稼働による燃料と電力消費

　　施工機械の輸送時間，解体や廃棄ないしリサイクル

について細かく分類しそれぞれの CO$_2$ 発生量を計算することになる。ここで必要な数値の一つが"単位当たりの CO$_2$ 発生量"，すなわち，"原単位"である。

(b) 原単位

　表 -2.2 に建設行為に関連した主な原単位を示した[2.7]。

(c) CO$_2$ 発生量の計算例

22 第2章 構造物の建設と環境アセスメント

表-2.3 コンクリートの配合

スランプ (cm)	空気量 (%)	水セメント比 W/C (%)	細骨材率 s/a (%)	単位量（kg/m³）				
				水 W	セメント C	細骨材 S	粗骨材 G	混和剤 A
12±2.5	5.0	54.8	46.8	179	327	793	959	C× 0.25%

表-2.4　使用材料によるコンクリートのCO₂発生量

使用材料	水 W	セメントC	細骨材S	粗骨材G	混和剤A
原単位 (kg-CO₂/t)	−	765.5	2.8	3.4	250
CO₂ 排出量(kg)*	0.0	250.3	2.2	3.3	0.2
合計 （kg）	256.0				

＊: 材料使用量×原単位

　表-2.3 の配合（1m³ 当たり）のコンクリートに対して CO_2 発生量を計算する。
　表-2.2 の数値を用いると，表-2.4 に示すようにコンクリート 1m³ あたりの使用する材料の CO_2 発生量は 256kg となる。

2.4　$LCCO_2$ における社会基盤施設の建設から廃棄まで

　わが国の CO_2 発生量は 12.4 億 t(2007 年) といわれ，このうち建設関係の排出量は 2.6 億 t といわれており [2.9]，日本の発生量のほぼ 2 割に達している。
　実際の構造物の建設においては，建設資材の製造，材料などの輸送，現場における施工，施工時に排出される物質の処理などを詳細に計算する必要がある。一例として，図-2.6 に示す場所打ちの擁壁を取り上げる。本擁壁は，高さ 8.0m で延長 120m として計算する [2.7]。
　計算の対象としたのは，
　建設資材製造：コンクリート用材料，砕石

2.4 LCCO$_2$ における社会基盤施設の建設から廃棄まで

建設資材輸送：建設資材（コンクリート，裏込砕石，型枠）の製造場所ないし準備場所から施工場所への運搬

施工：建設部分の土砂の掘削，擁壁底面部床掘，擁壁のコンクリート打設，床掘の埋戻，擁壁背面への裏込砕石の投入，擁壁背面への盛土，足場の設置

廃棄物処理：建設で発生した土の廃棄処理

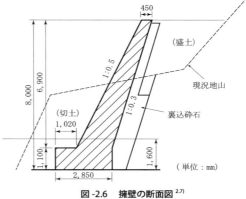

図-2.6　擁壁の断面図 [2.7]

表-2.5　擁壁における CO$_2$ 発生量の一例

工程	項目			単位(*)	投入量(**)	インベントリデータ(kg/*)	CO$_2$発生量(kg)	小計(kg)
建設資材製造	コンクリート	使用材料	高炉セメントB種	t	337.9	457.7	154657	189480
			細骨材	t	1085.0	3.4	3689	
			粗骨材	t	1474.4	2.8	4128	
		製造	生コンプラント	t	3103.2	7.7	23895	
	裏込め砕石			t	1111.0	2.8	3111	
建設資材輸送	生コンクリート	アジテータトラック(4.5m³)		km・m³	52800.0	0.25	13200	26680
	裏込め砕石	10t トラック		km・t	111100.0	0.12	13332	
	型枠	10t トラック		km・t	1230.0	0.12	148	
施工	土砂の掘削	0.6m³バックホウ		h	49.2	51.7	2544	26049
	擁壁底面部床掘	0.6m³バックホウ		h	24.6	51.7	1272	
	コンクリート打設	アジテータトラック(4.5m³)		h	294.0	33.8	9931	
		トラッククレーン２２ｔ吊		h	60.0	17.1	1026	
	床掘の埋戻	0.6m³バックホウ		h	16.8	51.7	869	
		60-100kg タンパ		h	75.6	2.15	163	
	裏込砕石の投入	0.6m³バックホウ		h	85.8	51.7	4436	
	擁壁背面への盛土	0.6m³バックホウ		h	39.0	51.7	2016	
		60-100kg タンパ		h	175.2	2.2	385	
	足場の設置	25t ホイールクレーン		h	63.6	53.6	3407	
廃棄物処理	建設発生土			t	1731.0	1.64	2839	2839
							合計	245047

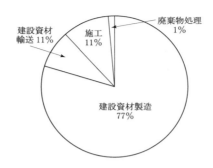

図-2.7 擁壁建設における各工程でのCO_2発生量の割合

それぞれの資材などの数量を拾い上げ，施工機械の種類や使用時間などを求め，原単位を乗ずることによりCO_2発生量を求めることができる。表-2.5 が計算結果であり，割合で示すと図-2.7 が得られる。図-2.7 に示すように資材製造で 77 %，建設資材輸送と施工が各 11 %であり（アスファルト舗装でも資材は 75 %, 運搬＋施工は 25 %, 6.5(3) 参照）輸送，資材製造が極めて高い比率であることがわかる。

これまでの計算はCO_2発生量に限定したが，SOx，NOx，ばいじんなどに関しても求めることができる。これらの数値を用いて，たとえば LIME（被害算定型影響評価手法）によって、図-2.4 に示したプロセスで環境への影響を単一指標で表すことができる。

2.5　環境影響の低減策—CO_2の削減方法—

社会基盤施設を整備の運用するに際して環境への負荷を低減させるために様々な対応が考えられている。ここでは，環境負荷の大きな一因であるCO_2発生量を低減させるための方法を考える。

① 構造形式の選定

構造物の形式によってはCO_2発生量が異なる。たとえば，橋梁で上部工（桁

2.5　環境影響の低減策―CO₂ の削減方法―　　　25

部材）と下部工（橋脚）の CO_2 発生量を試算した例があり [2.6]，上部工および下部工の CO_2 発生量は全量のそれぞれ 37％および 63％を占め下部工の割合が高く，このため橋脚数を減らして桁スパンを長くとることが有効な場合もある。

　また，RC ラーメン高架橋[注3] で地中梁[注4] の有無を比較した試算では，地中梁をなくした構造形式では CO_2 発生量が 28％低減できるとした報告もある[2.10]。

　②　構造物の長寿命化

　構造物建設，運用，廃棄のプロセスにおいて CO_2 発生量の大きな理由は建設資材の製造に由来している。したがって，構造物そのものをできるだけ長寿命化するための耐久性の高い構造物を構築することが有効である。

　③　高耐久性構造物の建設

　構造体の寿命を長くするためには，種々の劣化の要因に対して十分に耐えるだけの構造物とすることである。たとえばコンクリート構造物の塩害に対しては 4.5 で述べるように，鉄筋のかぶりを十分に確保し，初期欠陥がないような確実な施工を実施する，耐久性の優れた補強材を使用する，などが挙げられる。

　④　適切な維持管理の実施

　構造物は過酷な環境に曝され，経年と共に劣化しその性能は徐々に低下することは避けられない。構造物を長寿命化させるためには定期的に点検と調査を実施し，場合によっては早い段階で補修や補強を実施することが必要となる。

注 3）RC ラーメン高架橋：橋梁は走行車輛などを支える桁部分（一般に水平部材）と桁を支える支承部分（一般垂直部材）から構成されている。ラーメン橋は桁部分と支承部分が一体となり剛結されており，コンクリート構造（RC）に多い型式である。なお，"ラーメン"はドイツ語の Rahmen（骨組み）に由来する。

注 4）地中梁：桁から支承に伝達される荷重を基礎地盤に伝達するために，支承の大部分を独立基礎として地盤に単独に設置する方法，独立基礎を地盤中で相互に梁で連結する方法などがある。地中梁は後者の方法である。

⑤　CO_2 発生量を少なくする材料の選定

　コンクリート構造物の基本材料であるセメントに関しては，ポルトランドセメントに比較して産業副産物を一定割合混入したセメント（たとえば，高炉セメント）が CO_2 発生量の低減に有利と言われている。また，混和剤として高性能減水剤を使用することはコンクリートの水セメント比（W/C）の減少に寄与し，結果的にセメント量を減少させることができる。

まとめ

社会基盤の整備において環境へのかかわりは極めて大きなものである。

①　建設活動における物質収支の観点からは，わが国全体の物質利用総量に対して土木建築用は 3 割強と大きな比率を占めている。

②　地球資源を有効に利用し環境に与える影響を抑制するためには，構造物の長寿命化を推し進め，さらに，更新する施設に対して撤去，破砕したのちに建設資材を収集し再利用することが望まれる。

③　LCA（ライフサイクル環境影響評価）では，特に環境への影響を低減するために $LCCO_2$（生涯炭酸ガス発生量）を推定しこれを低く抑えることが必要である。

④　$LCCO_2$ の計算のための原単位を記載し，計算方法を示した。

⑤　CO_2 の削減方法として，構造形式，構造物の長寿命化（高耐久構造物），適切な維持管理，CO_2 発生量の少ない材料の使用，などの対策を述べた。

引用・参考文献

2.1) 藤田武彦：公共投資の将来展望，土木学会誌，Vol.85&Vol.86, 2000.5&2001.11

2.2) 国土交通省　国土交通白書 2013

2.3) 環境省編：平成 1 3 年版，循環型環境白書，株式会社ぎょうせい，179pp., 2001.6

2.4) 土木学会地球環境委員会：建設業の環境パフォーマンス評価とライフサイクルアセスメント，鹿島出版会，172pp., 2000.10

引用・参考文献

2.5) 伊坪徳宏、稲葉　敦：LIME2　意思決定を支援する環境影響評価手法, 社団法人産業環境管理協会, pp.2~15, pp.51~106, 2010.11

2.6) 土木学会地球環境委員会：建設業の環境パフォーマンス評価とライフサイクルアセスメント, 鹿島出版会, 172pp., 2000.10

2.7) 土木学会：コンクリートの環境負荷（その2），コンクリート技術シリーズ, No.62，p.39&p.40, 2004.9

2.8) 日本道路協会：舗装性能評価法　別冊－必要に応じ求める性能指標の評価法編－，178pp., 2008.3

2.9) 堺　浩司：コンクリートセクターのCO2排出の現況と削減戦略，コンクリート工学，vol.48, No.9, pp.8-15, 2010.9

2.10) 土木学会：コンクリート構造物の環境性能指針，コンクリートライブラリー, No.125，180pp., 2005.11

第3章

産業副産物の活用

3.1 コンクリート材料

(1) マテリアルフロー

図-3.1 は鉄筋コンクリートの製作に関わる使用材料のフローを示している（1995 年資料）[3.1]。コンクリートの製造量はほぼ 72,000 万 t と推定されている。コンクリート製造量のうちでコンクリート工場で生産される量は 50 ～ 54％程度であった。コンクリートの使用材料であるセメントの生産量は約 9,750 万 t（1995 年）であり，その原料として石灰石が 14,000 万 t，その他の粘土などが 2,800 万 t，産業副産物 (高炉スラグ，フライアッシュなど) が 2,500 万 t であり，石灰石の使用量が圧倒的に多い。

鋼材に関しては，全鉄鋼生産量は約 10,200 万 t でありセメント生産量をやや上回っている。このうち鉄筋コンクリートの建造に使用されたもの（形鋼，棒鋼，線鋼）は約 600 万 t であった。

コンクリート解体後は，約 3,600 万 t が廃材として発生し，そのうち約 65％は再資源化され残りは 1995 年時点では埋立処分にまわされていた。再資源化されたコンクリートの大部分は道路の路盤材用の再生砕石である。鉄筋コンクリート構造物や鉄筋鉄骨コンクリート構造物の解体時に発生する鋼材の量は不明であるが，1999 年時点では，粗鋼生産量約 9,800 万 t に対してスクラップを原料とする電炉で生産された鋼材は約 2,900 万 t である。

第3章　産業副産物の活用

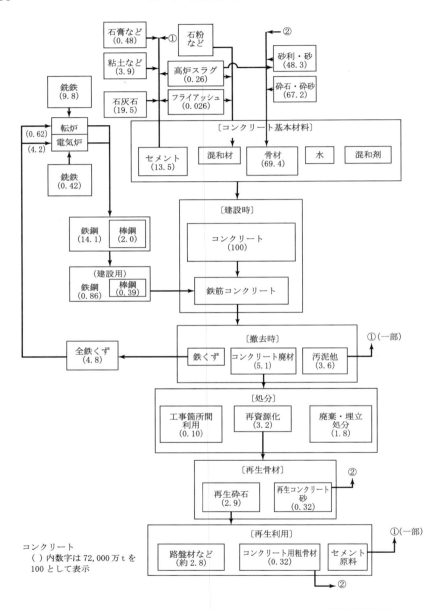

図-3.1　鉄筋コンクリートのマテリアルフロー (1995年) 文献3.1)を基に作成

3.1 コンクリート材料

(2) 産業副産物の活用

(a) 概要

コンクリートの構成材料の固体成分はセメント，骨材など基本的に無機質材料である。セメントは自然界にある石灰石や粘土を主成分として，高熱（約 1,450℃）で焼成することによって自然界に存在しない新たな化合物を生成させる。骨材は自然界にある砂利，砂，砕石などをそのまま用いてきたが，自然界で活用できる資源に限界があること，他産業で発生する資源を活用することは省資源や環境保護に有効であること，などから，産業副産物の利用が図られている。これらは，無機系副産物と有機系副産物に分けられ，主に利用されている，あるいは検討されている無機系副産物を表 -3.1 [3.2)] に示す。現在，コンクリート用骨材の JIS 化されている天然骨材，および人工骨材を図 -3.2 に示すが [3.3)]，人工骨材にはフライアッシュ骨材，スラグ骨材など他分野で発生した副産物が活用されている。

建設活動における物質利用の総量のうち骨材として消費される量は大きな割

表 -3.1 コンクリート分野における副産物の活用状況 [3.2)]

発生基からの利用	利用方法	副産物の名称
他産業の副産物からコンクリート材料への活用状況	セメント製造への利用	高炉スラグ，転炉スラグ，銅スラグ，ゴミ焼却灰（エコセメント）など
	セメント焼成時の熱源として利用	タイヤ，廃油など
	混和材として利用	高炉スラグ微粉末，フライアッシュ，シリカフューム石灰岩微粉末，砕石・砕砂製造時の砕石粉
	混和剤として利用	リグニン（パルプの廃液から）
	骨材として利用	高炉スラグ，銅スラグ，フェロニッケルスラグ
コンクリートから発生して，再度コンクリート材料などとして利用	セメント製造への利用	コンクリート工場におけるスラッジ
	練り混ぜ水として利用	コンクリート工場におけるスラッジ水や上澄水
	コンクリートとして再利用	アジテータ車のドラムに付着したモルタルコンクリート工場における洗浄排水の回収骨材戻りコンクリート
	コンクリート体を破砕して再利用	再生骨材
コンクリートから発生して，他分野で利用	土壌の改良材に利用	コンクリート工場におけるスラッジ
	道路の路盤材に利用	再生骨材

第 3 章　産業副産物の活用

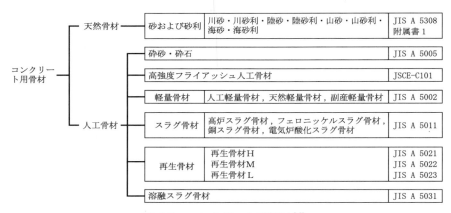

図 -3.2　コンクリート用骨材[3.3]

合を占めており，図 -3.3 に示すように骨材のうち 2/3 以上がコンクリート用として利用され，残りは道路用他に用いられている[3.4]。骨材は河川からの採取が規制されたことから，図 -3.4 に示すように 2000 年代で骨材に占める割合はほぼ 3％に減少し，その代替としての砕石は約 60％から 70％に増加している[3.4]。コンクリート工場で製造されるコンクリート量は製造されるコンク

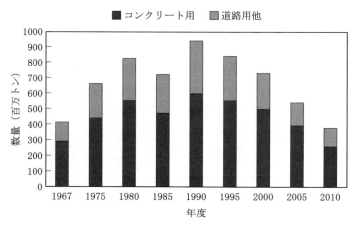

図 -3.3　建設における骨材の需要 文献 3.4) から作図

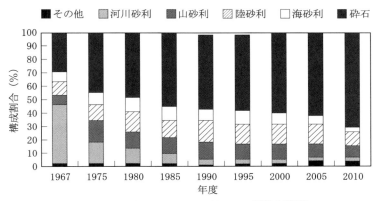

図-3.4　建設における骨材の需要 文献3.4)から作図

リートの約1/2を占めており，膨大な自然界の物質利用を低減するためにも産業副産物の活用が求められる。

なお，一般のセメントについては4章4.2(2)を参照。

セメントの製造において排出されるCO_2は約4割がセメント生産時の焼成に必要なエネルギー源に由来し，残りの6割は石灰石の熱分解により発生する[3.5)]。日本のセメント産業からのCO_2排出量は日本全体の年間CO_2排出量（2007年で13.7億t）のほぼ3.7％に相当している。このため，産業副産物などを積極的にセメントの生産に利用しており，セメント1t当たりの使用量は約460kg（2010年現在）に達している[3.6)]。これらは，高炉スラグ（原料や混和材として），石炭灰（原料や混和材として），副産石膏（原料として），汚泥・スラッジ（原料として）などである。ちなみに，他産業で発生する副産物をセメント用として利用している比率を図-3.5[3.6)]に示す。

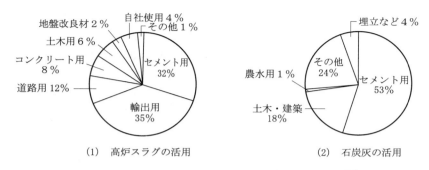

図-3.5　セメント製造における産業副産物の活用状況 [3.6]

(b) エコセメント

エコセメントとは，"都市部で発生する廃棄物のうち主たる廃棄物である都市ごみを焼却した際に発生する灰を主とし，必要に応じて下水汚泥などの廃棄物を従として，セメントクリンカーの主原料として用い，製品1tにつき少なくともこれらの廃棄物を500kg程度使用して作られるセメント"である [3.7]。普通のセメントの原料は石灰石，粘土，珪石，鉄原料であるが，エコセメントでは製造時の材料の配合割合は図-3.6に示すように [3.8]，セメント原料として

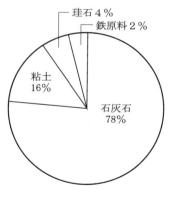
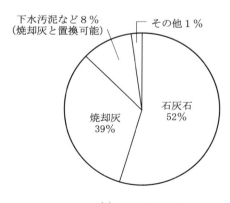

図-3.6　エコセメントの材料構成 [3.8]

3.1 コンクリート材料

表-3.2 エコセメントの品質 [3.8] など

品質		普通型エコセメント		早強型エコセメント		普通ポルトランドセメント
		規格値 (JIS R 5214)	実測例	規格値 (JIS R 5214)	実測例	規格値 (JIS R 5210)
密度	(g/cm³)	—	3.15	—	3.13	
比表面積	(cm²/g)	2,500以上	4,270	3,300以上	5,300	2,500以上
凝結	始発	60分以上	2時間55分	5分以上	8分	60分以上
	終結	10時間以下	4時間30分	1時間以下	20分	10時間以下
圧縮強さ (N/mm²)	1日	—		15.0以上	26	
	3日	12.5以上	31	22.5以上	32	12.5以上
	7日	22.5以上	44	25.0以上	35	22.5以上
	28日	42.5以上	56	32.5以上	48	42.5以上
強熱減量	(%)	5.0以下	1.7	3.0以下	0.8	3.0以下
全アルカリ	(%)	0.75以下.	0.50	0.75以下.	0.71	0.75以下.
塩化物イオン	(%)	0.1以下	0.032	0.5以上 1.5以下	0.81	0.035以下

必要な材料のうち石灰石の一部，粘土，珪石，鉄原料などを都市ごみ焼却灰や下水汚泥などで代替している。都市ごみ焼却灰や下水汚泥は一般にアルミナ分（Al_2O_3）や塩化物イオンの含有量が多くシリカ分（SiO_2）が少なく，エコセメントは Al_2O_3 や塩化物イオンが多くなっている。また，都市ごみ焼却灰や下水汚泥に含まれる重金属やダイオキシン類を減少ないし除去する工夫がなされているが，東日本大震災の影響で製造工程で排出される排出水の放射性物質の除去が課題となっている。

エコセメントは塩化物イオンの含有量や強度特性から，普通型エコセメントと早強型エコセメントの2種がある。表-3.2に示すように塩化物イオンが0.1%以下としたものが普通型エコセメントであり，0.5〜1.5%としたものが早強型エコセメントである。都市ごみ焼却灰には塩素が多く含まれているため普通型エコセメントの製造時には，アルカリ金属類と一緒に回収し塩化物イオン濃度を下げている。一方，早強型エコセメントでは塩素を $C_{11}A_7 \cdot CaCl_2$（カルシウムクロロアルミネート）としてセメント鉱物中に固定させているが，塩化物を多く含むために強度の発現は早いが，鉄筋コンクリート用としては好ましくない。

普通型エコセメントの凝結時間は普通ポルトランドセメントと比較して若干

長くなり，圧縮強度は若干低下するが，無筋コンクリートや鉄筋コンクリートなどに使用される。早強型エコセメントは凝結時間が極めて短く早期に強度が求められる無筋コンクリートなどへの適用が検討されている。

(c) 砕石粉

砕石や砕砂の製造時に生産量のほぼ 2 ～ 3％程度の砕石粉が生ずる。石灰岩砕石に伴う石灰岩微粉は 100％再資源化されている。石灰岩微粉はセメントの水和に影響を及ぼすとも言われているが [3.9]，一般に砕石粉はセメントと反応せず不活性な材料であり，高流動コンクリートやスランプ 21cm を超えるコンクリートの材料分離抵抗性を付与するために効果がある。砕石粉の規定値の一例を表 -3.3 に示している。個々の項目は

湿分：コンクリートに使用した場合に W/C や流動性に影響を及ぼすために砕石粉の水分に団粒化を避ける制限を設けている。

フロー値比：砕石粉の形状を評価するものであり，形状が適当でないと所定のフローを確保することが困難となる。普通ポルトランドセメントを用いたモルタルのフロー値に対して，普通ポルトランドセメントと砕石粉を 3：1 としたモルタルのフロー値の比を百分率で表す。

活性度係数：コンクリートの強度性状に有害な影響を及ぼさないことを確認するものである。材齢 28 日の普通ポルトランドセメントを用いたモルタルの圧縮強度に対して，普通ポルトランドセメントと砕石粉を 3：1 としたモルタルの圧縮強度の比を百分率で表す。

150 μm ふるい残分：材料分離抵抗性に必要な性能である粒度についての規定であり，砕石粉中での粒径の大きな成分の割合に制限を設けている。

表 -3.3　砕石粉の規定[3.10]

項目	規定値
湿分 (%)	1.0以下
密度 (g/cm³)	2.5以下
フロー値比 (%)	90以上
活性度指数 （材齢28日） (%)	60以上
150 μm ふるい残分 (%)	5以下

(d) 生コンスラッジ

レディーミクストコンクリート工場で、ミキサ車、プラントのミキサやホッパなどに付着したコンクリートを洗浄すると洗浄排水が発生する。これらの洗浄排水の一連の流れを図-3.7[3.11]に示す。

洗浄排水は、回収骨材（洗浄排水から回収した細骨材および粗骨材）とスラッジ水（洗浄排水より細・粗骨材をのぞいた懸濁水）に分かれる。回収骨材のほぼ3/4はコンクリート用材料として再利用されており、その他は埋立て用敷砂利やスラッジを混ぜて埋立て材として利用されている。スラッジ水から微粒分を沈降などの方法で除去したものは上澄水とよばれ、コンクリートの練混ぜ水として再利用されている。スラッジ水と上澄水を総称して回収水とよんでいる。また、スラッジとは"スラッジ水が濃縮され流動性を失ったもの"をいう。スラッジ水を練混ぜ水として使用するときには、

① スラッジ水中のスラッジ固形分（スラッジを105〜110℃で乾燥すると残留する固形分）は使用するセメント量の3％以下とする必要がある。
② 通常の配合に対して、単位水量Wおよび単位セメント量Cを若干増加させる必要がある（スラッジ固形分1％にたいして、1〜1.5％程度）。
③ 通常の配合にたいして、細骨材の割合（細骨材率s/a）を若干減少させ

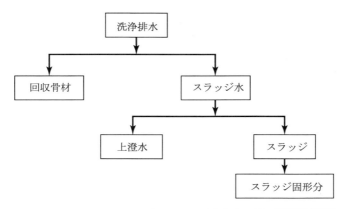

図-3.7 コンクリート工場における洗浄水の流れ 文献3.11)より作成

る必要がある（スラッジ固形分1％に対して，0.5％程度）。

　スラッジの活用方法としては，スラッジを脱水してスラッジケーキ（含水率50〜60％）とし，乾燥・粉砕してコンクリート用材料（細骨材やセメントの一部，あるいは，高流動コンクリートの微粉末）や地盤改良材（固化材料）として利用されている。

3.2　鉄鋼材料

　鉄は地殻を構成する元素として，重量比で酸素，けい素，アルミニウムに次いで多く，4.20％を占める。金属元素の中ではアルミニウム（7.45％）の方が多いが，アルミニウムが均等分散的に存在するのに対し，鉄は集中的に鉱脈を形成して密度の高い状態で得られ利用しやすい。これ故に人類は古くから鉄を利用してきた。

　紀元前15世紀頃から青銅器に代わり，いわゆる鉄器時代が始まった。以来，15世紀までの古い製鉄技術の特長は，鉄を溶けないまま鉄鉱石から製鉄することであった。古代の鉄の冶金は，鉄鉱石を木炭の燃焼熱で加熱し，木炭から発生する一酸化炭素によって還元させるもので，木炭の燃焼熱では鉄は溶融までに至らず，鍛冶屋がさらにこれを鍛錬精製して各種の鉄製品をつくった。

　15世紀に至り，ドイツで高炉法が開発され製鉄の新時代が始まった。初期の高炉では水車ふいごで送風し，炉内温度を高めて鉄を溶融した。なお、燃料としては木炭が石炭に，そしてコークスに替わり，1750年代以降コークス高炉法が一般に普及し始めた。

　さらに，19世紀になると転炉の発明により，製鋼技術も確立されて強度の大きい鋼の大量生産も可能になり，このため鋼材の用途は急激に拡大し，構造用材料としても本格的に実用化され，以来大量に用いられるようになった。

　わが国では1857年釜石において初めての洋式高炉を操業し，1901年には官営八幡製鉄所が創設された。以降需要の増加に伴い,各地に製鉄所が作られ，特に第二次世界大戦後は合理化により急速に生産量を拡大し，世界有数の製鉄

3.3 アスファルト材料 39

国となった。

鉄鋼は大量生産に支えられ，価格が低廉であるばかりでなく，圧延によってどのような形状にもすることができる。また，必要に応じて強度・加工性・耐蝕性などのさまざまな優れた性質を付与することが可能で，構造用材料として主要な地位を占めている。

建設工事における工事費あたりの鋼材使用量は，事業規模によるものの，いずれの種別の土木事業とも上昇する傾向にある。これは建設工事における構造物そのものの鋼製化，鋼構造技術の開発，仮設材への鋼材の利用などによるものであるが，これらは正に鋼材が工事の急速化、構造物の巨大化に対し，適性を有すことを示すものである。

また，製鉄業は鉄鋼の製造において多量の製鉄副産物を生み，これらも古くからさまざまな用途で利用されてきた。一方，製造過程において多量の熱エネルギーと水とを必要とし，1973 年のオイルショック以来，生産設備の効率化や廃熱回収設備の開発と導入，水の循環使用など環境対策に積極的な取り組みがなされた。

近年の製鉄業における環境対策の特徴の一つは廃棄物利用であり，廃プラスチック・廃タイヤを積極的に活用し，省エネルギーと同時に循環型社会の実現に取り組んでいる。元々，金属くずなどは回収・分別され，鉄くずは製鉄原料として再生する循環システムができていたが，廃プラスチック・廃タイヤの活用は急速に増えており，製鉄プロセスにおける省エネルギー・循環利用に加え，社会全体での省エネルギーに大きく寄与している。

3.3 アスファルト材料

アスファルトコンクリート（以下「アスコン」という）の材料には，骨材として粗骨材，細骨材およびフィラーが，そしてこれらを結合するアスファルトやアスファルト乳剤が，また，舗装の修繕で発生したアスコン塊を破砕した再生資材の再生骨材やアスコンの特性を改善する目的の添加剤がある。

(1) アスファルト系材料

アスファルトには石油を精製して製造される石油アスファルトと，天然に産出する天然アスファルト，石油アスファルトを改良した改質アスファルトそしてアスファルト乳剤がある。

(a) 石油アスファルト [3.12)]

アスファルト製造用の原油は中東諸国から約 90% が毎年輸入され，その約 2% がアスファルトとして精製されている。

アスファルトの製造プロセスの例を図 - 3.8 に示す。

アスファルトの収率の良い輸入原油の処理時に，数種混合し，一定期間に集中して製造している。蒸留前に塩分，水分，軽質分を除去して，350℃程度に加熱する常圧蒸留を経て生じた残油を，減圧 (1.3 〜 13kPa) フラッシング装置を通し，ここで残った油がアスファルトである。アスコンに使われるアスファルトは，通常このプロセスで生じるストレートアスファルトである。

また，残油の一部は，減圧蒸留で潤滑油を留出した残り（重質油とアスファ

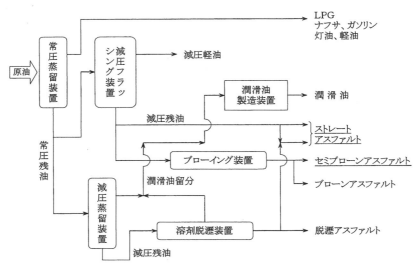

図 -3.8 アスファルトの製造プロセス（例）

3.3 アスファルト材料 41

トピックス　　　バレル

　石油の関係で欠かせない，しかも経済に大きな影響を与える単位にバレル (barrel) がある。バレルの元の意味は「横木 (bar) で作った樽」で，42 ガロンに相当する。ガロンは「手おけ」(現在の小型のバケツのサイズ) を意味し，これに入る量で 3.785 ℓ (約 1 ℓ の紙パック牛乳 4 本分である)、従って、1 バレルは約 160 ℓ となる。CGS,SI 単位の現在にあっても，原油の場合には旧来の単位が関係者には直ぐ捉えやすいこともあってバレルが使われている。

ルト) から溶剤脱瀝装置で重質油を抽出後に得られる脱瀝アスファルトがあり，これをストレートアスファルトに混合して，その硬さの指標である針入度 [注1] の調整に使う。

　アスファルトの組成は一般に飽和分 (パラフィン・ナフテン)，芳香族分，レジン分そしてアスファルテン分とからなり，約 10:35:40:15（質量 %）の割合である。アスファルトはアスコンの製造，舗装の施工そして供用の履歴に伴い，芳香族分が減少して老化，劣化する。

　アスファルトの規格は経験的な指標である針入度区分（JIS K 2207 に針入度，軟化点，伸度，トルエン可溶分，引火点，密度などを規定），経験と力学特性を重視した 60℃粘度による区分，および粘弾性の特性と舗装の供用条件とから定めた PG(Performance Grade) 区分 [3.13] とがある。各々の区分ともアスファルトを使用する際の危険を考慮した引火点 (ある温度以上に加熱すると燃焼する温度) が 230℃以下であることが共通して規定されている。

注 1）針入度：常温付近におけるアスファルトの硬さを表わす指教。針入度試験により求めた針の貫入深さを 1/10mm 単位で表わした値で，この値が小さいほど硬いアスファルトである。ストレートアスファルトは 40 〜 60, 改質アスファルトは 40 以上が通常使用されている。

(b)　天然アスファルト

　天然アスファルトの主なものには南米のトリニダッド・トバコに産出するトリニダッド・レイク・アスファルト（T.L.A）およびアメリカ・ユタ州近隣に産出するギルソナイトなどがある。これらは現在グースアスファルトなどの特殊なアスコン(鋼床版橋面舗装の防水を兼ねた下層)の材料に主として使用されている。T.L.Aは埋蔵箇処から採掘し，破砕・ふるい分け，そして溶融し，水や異物を取り除いて製品としている。石油アスファルトに比べて硬く（針入度＝1～4)，鉱物質を約35％含有している。

(c)　改質アスファルト[3.14]

　改質アスファルトは，重交通の道路舗装，積雪寒冷地域や橋面舗装などで，特に要求される耐久性向上などを目的として，ストレートアスファルトの特性を改善する添加剤を混合したアスファルトである。その種類と主たる使用目的を表-3.4に示す。

　改質アスファルトのうち添加する改質剤の種類と添加量から改質I型，改質II型，超重交通用および高粘度改質などに分類し，目的に合うようにしている。

　改質アスファルトは，あらかじめメーカーがストレートアスファルトに改質剤を混合したプレミックスタイプと称するものが一般的である。アスファルトプラントで改質剤をミキサに直接投入するプラントミックスタイプもある。なお，望ましい性能を有す改質アスファルトを製造するには，改質剤がストレー

表-3.4　改質アスファルトの種類と主な使用目的

種　類	主な使用目的
改質アスファルトI型	すべり止め、耐摩耗、耐流動
改質アスファルトII型	耐流動、耐摩耗、すべり止め
高粘度改質アスファルト	排水性舗装、低騒音舗装
超重交通用改質アスファルト	耐流動
付着性改善改質アスファルト	コンクリート床版橋面舗装
鋼床版舗装用改質アスファルト	鋼床版橋面舗装
硬質アスファルト	鋼床版グースアスファルト

3.3 アスファルト材料　43

トアスファルトと適切な相溶性のあることが必要であり，アスファルトの組成
のうち芳香族分とアスファルテン分の量が影響する。通常の改質アスファルト
の改質剤の添加量は，規格分類にもよるが約 3 ～ 8 質量％の範囲にある。

改質アスファルトの規格は経験的な指標値のほかに，その特性を示すタフネ
ス・テナシティー[注2]などが，また，供用性に影響する 60℃粘度の規定と施工
性に関連する 180℃粘度の特性値も必要とされている。

なお，改質アスファルトとストレートアスファルトの道路舗装における使用
割合は約 15：85％となっている。

(d) アスファルト乳剤 [3.15]

アスファルト乳剤は，アスファルトが常温で固体であるのに対し，常温でも
液体であるので，舗装材料として簡便に使用できる材料である。アスファルト
乳剤は，昭和の初め頃から舗装資材として道路の防塵や軽交通の簡易舗装に用
いられてきた。現在は，主として舗装の表面処理，安定処理，プライム，タッ
クコート[注3]などに使用されている。そのほかにも，緑化，水利，防水，鉄道の
軌道材料など各分野で広く用いられている。また，最近は環境面から CO_2 削減，
省エネルギーに有効で，無公害性，安全性などの観点からも，その利用の見直

注2) タフネス・テナシティ：ゴムや熱可塑性エラストマー入り改質アスファルトな
どの把握力と粘結力を表わす指標。

注3) 表面処理：舗装の路盤や表面に乳剤を散布・浸透させて，路盤面や表面の荒れ
るのを防ぐためにする処理。
安定処理：路盤材料の安定性や支持力特性を改良するために，添加材を混合して，所
要の特性を得るようにする処理。
プライムコート：粒状路盤の防水性を高め，その上に舗設されるアスコン層との馴染
みを良くするために 1 ～ 2 ℓ /m² 散布する処理。
タックコート：舗装の表層・基層あるいはアスファルト安定処理層間の接着性を確保
するために 0.4 ℓ /m²程度散布される処理。

しと拡大が図られている材料である。

アスファルト乳剤は，一般に針入度 60 ～ 200 のストレートアスファルトを乳化機で機械的に 1 ～ 10 μm 程度の微粒子にし，乳化剤を用いて水中に分散させた褐色のコロイド構造の液体である。通常，アスファルト分が 55 ～ 65 ％の割合となっている。

その性状の相違は，乳化剤の種類に大きく依存し，カチオン系乳剤，アニオン系乳剤，ノニオン系乳剤の 3 タイプに分けられる。

現在使用されている大部分のアスファルト乳剤はカチオン系乳剤である。アニオン系は舗装の表面処理のスラリーシールなどの混合用に，ノニオン系は路上再生路盤工法のセメント・瀝青安定処理用に主に使用されている。また，各々のタイプともアスファルト乳剤の特性を，ゴムや樹脂を添加して改善した改質アスファルト乳剤もある。

アスファルト乳剤の規格 (JIS K 2208) は，その用途 (プライム，タックコート，混合用) に応じ，粘度などの物理特性，蒸発残留分とその特性 (針入度，濃度など) などの組成と貯蔵安定性 (乳剤中のアスファルトの濃度の均一性) などが規定されている。

(2) 骨材

(a) 粗骨材

アスファルト舗装では 2.36mm ふるいにとどまる骨材を粗骨材，通過する骨材を細骨材としている。

粗骨材には砕石，砂利，玉石または砂利を砕いた玉砕などがあるが，最近は砕石がほとんどである。砕石は「JIS A 5001 道路用砕石」の規格が制定されており，アスコンには，粒径 (80 ～ 2.5 mm) 群を 7 区分した内の 4 種類の単粒度砕石 (4 ～ 7 号) が用いられる。この規格は，材質として密度，吸水率，スリヘリ減量を，耐久性として安定性を，有害物を含まないとして粘土・粘土塊量，軟らかい石片，細長あるいは偏平な石片の含有量を規定している。このほかにアスファルトとの付着特性，研磨特性 (スベリ抵抗性)，高温安定性 (ア

3.3 アスファルト材料

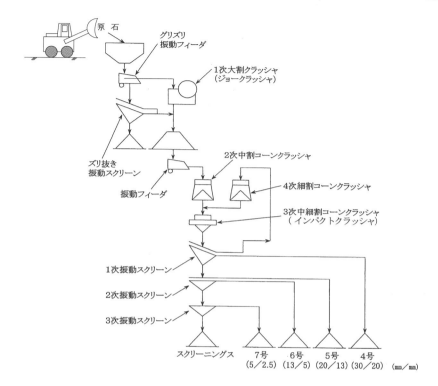

図-3.9 粗骨材（砕石）とスクリーニングスの製造フロー（例）

スコンの製造時，ドライヤで最大700℃程度の火炎に曝されるため)などが求められている。これはアスコンの構成の大部分(アスコンの種類(6.1(1)参照)にもよるが60～80％)を粗骨材が占め，その性質に大きな影響を及ぼすためである。一般に砕石は，表土層を十分にはぎとった原石山から，発破，破砕により大割された原石をクラッシャと呼ばれる複数の破砕機での破砕とふるい分けの工程を経て道路用砕石の粒径群まで破砕，整粒し規格に応じた網目のふるいにより粒度選別される[3.16]（図-3.9）。

砕石製造用の破砕機は，一般に機能別に，大割，中割，細割機および整粒機に大別される。砕石工場には3～4台が設置され，その能力規模は，砕石製

品の生産量で 150 ～ 200t/h のものがおよそ 60% を占めている。大割機には，大塊が咬み込めるよう往復動圧縮破砕方式のジョークラッシヤ，中割，細割機には，大容量破砕の旋動式圧縮破砕方式のコーンクラッシヤ，整粒機には，横型もしくは縦型のインパクトクラッシヤが設置される。

なお，原石山の岩種には上述した各種規定を満足するものが望ましく，通常，水成岩の砂岩，火成岩の安山岩，玄武岩などが砕石の供給源となっている。自然環境保全の要請下で原石山の確保に難しさもあるが，年間 1 億 t 程度の製造を確保してきているのが現況である（3.1(2)(a) 参照）。

(b) 細骨材

細骨材には川砂, 山砂, あるいは海砂などの天然砂とスクリーニングス, 砕砂, 砕石ダストなどの人工砂がある。これら細骨材は清浄，強硬，耐久的で，適度な粒度を持つことと，ごみ，泥，有機不純物などを含まないこととされている。望ましい砂の粒度を得るために，粗目砂，中目砂と細目砂を混合して調整することが行われている。また，天然砂だけで 0.3 ～ 0.075 mm の粒径部分を得ることが難しいので，スクリーニングスを利用することが多くなっている。スクリーニングスや砕砂の使用はアスコンの力学安定性を改良するなどの利点もある。細骨材の JIS 規格は，スクリーニングスについてのみ「JIS A 5001」に粒度範囲が規定されている。通常，細骨材の粒度は，使用されるアスコンの種類に応じた粒度を満足するように, 各種砂の混合割合を変えるようにするので，粒度範囲の規定は必要ない [3.17]。

骨材の品質としては密度，吸水率，安定性の標準値が設定されている。

天然砂は掘削，ふるい分け (乾式，湿式) して得られるのに対し，人工砂のスクリーニングスと砕砂は，砕石を製造する場合に生じる粒径 2.5 mm 以下の細かい部分である。スクリーニングスは砕石製造にて図 -3.9 に示す 3 次振動スクリーンでふるい分けられたものである。

一方，砕砂は，スクリーニングスを整粒可能な縦型遠心破砕機に投人して，破砕し (スクリーニングスの粒形と粒度を改善)，150 μm 以下の微粒分を乾式分級機で適量除去して製造したものである（除去された分 3(2)(c) 参照）。細

3.3 アスファルト材料 47

骨材のうち天然砂は資源の枯渇，環境保全や海砂採取規制などもあって，良質なものが入手できにくくなっている一方，人工砂は砕石製造での副産物の利用として高付加価値化の製品となっている。

(c) フィラー

フィラーは 0.075mm ふるいを通過する鉱物質の粉末で，通常石灰岩または火成岩などを粉末にした石粉のことをいう。その他にセメント，消石灰があり，回収ダスト (アスファルトプラントでアスコンを製造する際に，ドライヤで加熱される骨材から発生する微粉を集塵装置で捕集したもの) も再利用される。

フィラーはアスファルトと一体となって骨材の間隙を充填し，アスコンの安定性や耐久性を向上させる役割として使用される材料である。アスコン中に質量で 3 ～ 10 ％と，その使用量は少ないが，アスコンにとっては不可欠の材料である。フィラーは 1 ％以上の水分を含むと団粒化するため，水分をできるだけ含まないように貯蔵して使用しなければならない。

石灰石のフィラーを使用する場合は，「JIS A 5008 舗装用石灰石粉」に規定されている粒度範囲を満足すればよいが，他の火成岩類などを粉砕したフィラーを使用する場合は，粒度以外に，PI（塑性指数）[注4] やフロー値の規定を満足しなければならない。なお，セメントや消石灰は該当する JIS 規格を満足した製品は使用できる。（フィラー用の石灰石はセメント焼成用材としての品質を満たしていないものが通常用いられるので，当然の規定である。）（3(2)(c) 参照）

製造は，通常 13 ～ 0 mm の石灰岩砕石を破砕機（縦型ミルまたはボールミル) で粉砕し 乾式分級機で分級を行い 75 μ m 以下のものを製品としている。

(d) アスファルトコンクリート再生骨材 [3.18]

アスファルト舗装の修繕時に打ち換えや 掘削の際に発生するアスコン塊を

注 4) 塑性指数（PI）：フィラーが塑性状態にある含水量の大きさをいい，液性限界と塑性限界の含水比の差で表わされる。この指数は土の分類に使われるほか，路盤材料などの品質規格の判定項目にも使われている。PI とは Plastic Index の略称。

機械的に破砕して製造された砕石にアスファルトモルタル(砂とフィラーおよびアスファルト)が固着したものがアスファルトコンクリート再生骨材(以下「再生骨材」という)と称されている。

したがって,3.3「アスファルト材料」のここまでで記述した各材料が一体となった骨材が生産され,粗・細骨材形状となっていて,アスコンに再資源化される材料である。品質としてはアスファルトの残存針入度が一定値(20)以上であることが望ましいとされている。再生骨材は,図-3.10の製造プロセスにより製造,貯蔵,再利用される。

現在はアスファルト舗装の発生材は,ほぼ100%アスファルト舗装(表・基層用アスコンと路盤)に再利用されている。再生骨材を使用したアスコンを再生アスコンと称し,アスコンの全製造量の約80%強となっている。これには平均60%程度の再生骨材が使用されている。

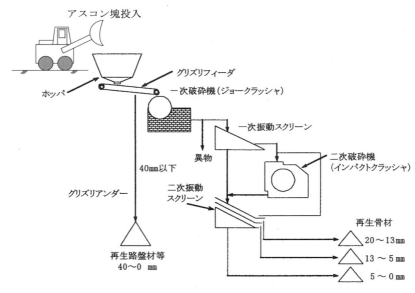

図-3.10　再生骨材の製造フロー（例）

3.3 アスファルト材料

(3) 添加剤

改質アスファルト（Ⅰ，Ⅱ型，高粘度，超重交通）の添加剤としては，熱可塑性エラストマー[注5]では固体の SBS(スチレンブタジエンブロック共重合体)が，ゴム類ではラテックス状の SBR（スチレンブタジエン共重合体）が代表的な改質剤である。

骨材とアスファルトの付着が損なわれ，はく離が発生してアスコンの耐久性が失われるのを防止するための付着性改善改質アスファルトには，はく離防止剤として JIS 規格品の消石灰やセメントなどがある。添加量はアスコン中のフィラー量の約 1/4 を構成するように使用する。

アスコンの流動抵抗性などを向上させるために 5 μm 程度の直径で長さ 0.2 〜 2mm 程度とした各種繊維（セルロース，ガラス，ロックウール[注6]，ポリビニルアルコールやポリエステルなど）の添加剤がある。添加量は混合物の総質量に対して，繊維の種類により 0.1 〜 0.5 質量％を使用する。アスファルト量の増加も伴うのでひび割れ抵抗性や摩耗特性も増加する特性がある。

再生骨材をアスコンに再利用するには，再生骨材中のアスファルトの残存針入度の性状を回復させるための再生用添加剤が必要である。再生用添加剤は，アスファルトの組成のうち舗装の供用に伴い損失した芳香族分を補填するものを主成分としたもので，その添加量は，アスファルトの回復目標によって変えるようにしている。なお，ストレートアスファルトの回復はある程度の回数まで繰り返し再生ができて信頼がおけるものの，改質アスファルトについては当初の特性に再生する開発が進められているのが現況である。その理由は，スト

注5) 熱可塑性エラストマー:TPE (Thermo Plastic Elastomer) と呼ばれ，常温では固体であるが熱を加えると液状となり，ゴムの持つ伸長性と樹脂の持つ可塑性を併せ持つポリマー。

注6) ロック・ウール:天然の岩石を粉砕，熔融し，10 μm 径程度の穴から射出・冷却して製造した繊維。

> ### トピックス　　　　　　　Black Magic
>
> 　アスファルトコンクリートは、その特性や性能を活かして道路、空港は勿論、各種分野（自転車、オート、サーキット、競技場、溜池、貯水池、ダム等）の舗装に適用されてマジックと見られるような供用結果が得られることと、その色から推してブラックマジックと言われてきた。
>
> 　この用語はセメントコンクリートが White Engineering と言う工学に扱われている語に対する反意もある。こう称されるのは各種力学特性が温度、荷重及び裁荷速度 (時間) によって粘弾性体から剛性体の範囲で顕著に変化することを適宜使い分けていることにもある。
>
> 　また、舗装の設計が各国共、最近でも経験的な手法が主であったことにもこの語の感覚が表れている。そして、多くのアスコン種類があり、キメも性能も拡大しているにも拘らず、その配合も容積は少なく重量比で表す古典的な点が主流であることも加わってであろう。

レートアスファルトの劣化に併せて，改質材の劣化も生じて，その再生ができにくいためである[3.19]。再生可能な改質材の使用や，改質材添加量を多くした改質アスファルトの使用と，再生骨材の混合割合の低減を組み合わせた対応などでの再生改質アスコンが検討されている。（なお，アスコンに使用する再生骨材の使用割合が 10%以下の場合は，これを新規骨材として扱い，再生用添加剤は通常使用しなくてよいとされている。）

3.4　産業副産物

(1)　鉄鋼スラグ

　鉄鋼の製造工程において副産物として生成される鉄鋼スラグは，高炉スラグと製鋼スラグとに大別される。鉄鋼の製造工程と生成される鉄鋼スラグを図-3.11 に示す[3.20]。わが国では，鉄鋼スラグは年間約 3,500 万トン程度生産され，高炉スラグはこの内の 7 割近くを占め，残りが製鋼スラグである。

3.4 産業副産物

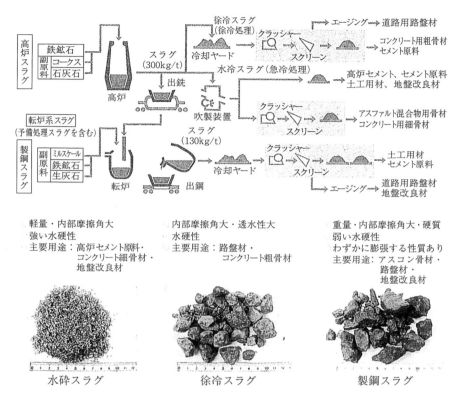

図 - 3.11 製鉄工程と鉄鋼スラグ[3.20]

(a) 高炉スラグ

銑鉄を製造する高炉で溶融された鉄鉱石の鉄以外の成分が副原料のコークスの灰分や石灰石と共に分離回収されるものが高炉スラグであり，銑鉄1トン当たり約290kgが生成される。主成分は，石灰（CaO）とシリカ（SiO_2），アルミナ（Al_2O_3），マグネシア（MgO）とわずかないおう（P）などである。

高炉スラグはその冷却方法によって，徐冷スラグと水砕スラグとに分けられる。徐冷スラグは約1,500℃の溶融状態のスラグを自然放冷と適度な散水によって冷却して生成され，結晶質の岩石状である。水砕スラグは溶融状態のスラグに圧力水を噴射，急冷して得られ，非結晶質（ガラス質）の粒状である。

前者は所定の粒度に調整して道路用路盤材やコンクリート用粗骨材などに用いられる。一方後者はその潜在水硬性からセメント用として高炉セメントに用いられ，コンクリート構造物の長期耐久性を向上させる。また，加工してコンクリート用およびアスコン用細骨材としても利用される他，近年環境問題から瀬戸内各県が次々と海砂の採取を禁止して，良質な砂の入手は一層困難になっており，土工用としても，軽量でせん断抵抗角が大きいことなどの特長から，岸壁や護岸の裏埋め材，軽量盛土，サンドマットとしても利用されている。

(b) 製鋼スラグ

製鋼工程では，銑鉄やスクラップを精錬し，炭素や不純物が除かれる。この製鋼工程で生成されるのが製鋼スラグである。製鋼スラグは製鋼炉によって，転炉系スラグと電気炉系スラグとに分けられ，粗鋼1トン当たり，転炉系スラグは約120kg，電気炉系スラグは約110kg生成される。

製鋼スラグには鉄やマンガンなどの金属元素が酸化物として含まれ，また副原料の石灰の一部が未消化のまま遊離石灰として残るため，比重が大きく，水

トピックス　製鉄副生ガス

近年，各種の効率の高い燃料電池が実用化され，エネルギー媒体としての水素が，優れた特性を持つことから注目を集めている。水素は自然界では単体で存在せず，炭化水素やアルコールの分解，水の電気分解などによって生成されるが，水素を何から，いかなる効率で製造するかが，クリーンな水素生成の鍵を握るとされる。

製鉄所の製鉄工程ではコークス炉ガス，高炉ガス，転炉ガスが発生するが，特に石炭乾留ガスであるコークス炉ガスには55%を越える水素が含まれている。またメタン（CH_4）にも約30%含まれており，これに廃熱を用いて水素に改質する。水素を利用する燃料電池はCO_2ばかりでなく，SO_xやNO_xも発生せず，また従来の熱機関に比べ効率は非常に高い。製鉄所が水素社会の主要供給源として期待されている。

と接触した場合には膨張・崩壊するなどの性質を示す。

製鋼スラグは天然の砕石と類似しているが，遊離石灰消化のためにエーヂングして，従来から道路用路盤材，アスコン用骨材などに利用されてきた。その他，土工用材，地盤改良用材（サンドコンパクション），セメントクリンカー原料，肥料用および土壌改良材などに用いられている。

最近，天然石材の代替材として鉄鋼スラグ水和固化体が登場した。鉄鋼スラグ水和固化体とは，セメントコンクリートの代替物として開発されたもので，結合材としてセメントの代わりに高炉スラグ微粉末を，骨材として天然石材の代わりに製鋼スラグを材料として，必要に応じてアルカリ刺激材や混和材を混合して製造するもので，コンクリートプラントを用いて混練し，型枠に流し込むことで任意の形状のブロックを製造することができる。また，硬化後に破砕して任意の大きさの石材にして，港湾工事における消波ブロックや被覆ブロック，海上空港などの大規模な埋立てで石材代替材として用いられている。

(2) エコスラグ

廃棄物の年間排出量は約 4.3 億 t，うち一般廃棄物は約 11 ％ 4,500 万 t で，このリサイクル率は約 21 ％ である。一般廃棄物は焼却・溶融・固化して減容化されエコスラグとして約 8 ％ が再生資材となっている。（平成 24 年現在）[3.21]

一般廃棄物の処理方法として，環境ホルモンのダイオキシンを発生させない適温（一般には 800 ℃以上）で焼却し，その残渣をガス化溶融炉などで 1,200 ℃以上で溶融し，冷却固化したものが JIS A 5031，5032「一般廃棄物溶融，下水汚泥又はそれらの焼却灰を溶融固化したコンクリート用溶融スラグ骨材（5031，3.1(2)(a) 図 -3.2），道路用溶融スラグ（5032）」である。溶融炉は平成 14 年にダイオキシン規制法が改訂され，急激に増加し，平成 24 年では250 カ所と全国に普及している。焼却灰残渣を融点以上に加熱して溶融，排出し，冷却する。この冷却の過程が徐冷の場合は塊状となり，砕石同様に破砕されて砕石の代替品となる。一方水中に排出し，急冷する場合はガラス結晶質の粒状となり，整粒 (加工) されて砂の代替品としてアスコン用材料などに有

効活用されてきている。なお，下水汚泥のスラッジもこれと同様に溶融・冷却されるので，これも含めて JIS 化され，鉄鋼スラグと同様の処理とスラグの語義とから通称，エコスラグと称されている。

品質特性としては一般の細骨材と同様とされ，そのほかエコスラグの生成経緯から土壌・地下水を汚染する有害物質 (「土壌環境基準」の 25 項目のうち，カドミウム，鉛，六価クロム，砒素，水銀，セレン，フッ素，ホウ素) の溶出のないことが要求されている。

エコスラグは，アスコン用に細骨材の砂として利用する場合が多い。

磁選で異物を除去し ミル加工などを実施して，もろいものを除去し，砂の粒形を良くしたものが，アスコンの特性を損なわない，また，溶融・固化した砂の硬さが硬いものほどアスコンの砂としての利用割合が増す。通常はアスコンの砂の 10%程度に使用されている [3.22]。

また，砕石は路盤材やアスコンの粗骨材の一部に利用される。

(3) 石炭灰 [3.23]

石炭灰には，図-3.12 に示すようにクリンカアッシュ (bottom ash) とフライアッシュ (fly ash) がある。火力発電所や一般事業所用発電所の石炭ボイラの底部の残渣分 (使用石炭の約 10%発生する) を回収したものがクリンカアッシュであり，微少粉塵として発生したものを電気集塵機などで回収したものがフライアッシュである。

クリンカアッシュを融点以上に加熱して溶融し，徐冷固化して板状や塊状としたものを砕石同様に破砕・ふるい分けしたものがアスコンやコンクリートの砕石として使用される。また，アスコンでは乾燥し粉状のままフィラーの一部としても使用される。しかしフィラーの品質を満足しない場合が多く，アスコンの必要な品質を損なわない範囲で石灰石フィラーと混合して使用する場合がほとんどである。また，石炭灰の潜在水硬性に着目し，セメントなどを添加し，固化した塊を破砕して路盤材として再利用する方法もある。

フライアッシュはコンクリート用混和材として JIS A 6201 「コンクリート

3.4 産業副産物

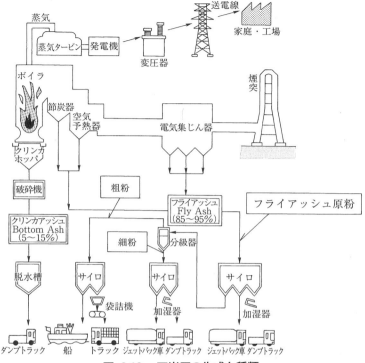

図-3.12 石炭灰の生成と種類

用フライアッシュ」にI～IV種までが規定されている。現状で使用されているものはII種であり，品質を均一なものとするためにフライアッシュ原粉の分級処理を行い，細粉分をJIS II種品として出荷している。このため，細粉分以外はほとんど利用されていないが，JIS規定にとらわれないフライアッシュ原粉を活用したコンクリートも検討されている。

(4) 他産業再生資材

3.1 (2)(a) 概説の用途，種類で，コンクリートとアスファルト舗装に共通な産業副産物（3.4 (1),(2),(3)）以外で，主にアスファルト舗装に使われる材料を他産業再生資材としてここに紹介する。他産業と称したのは建設産業以外とい

う意味である。

表-3.5 にその種類と舗装での用途を，処理方法や一般名称などと併せて示す [3.24]。

廃棄物のリサイクル割合は他の用途（たとえば廃タイヤは燃料として 6 割，

表-3.5　他産業資材の種類と用途

再生資材	処理方法	一般名称	用途	備考
廃タイヤ	粉砕	ゴム骨材	アスコン	騒音低減
	溶融	ゴムアス		凍結抑制
廃ガラス	粉砕	ガラス骨材	アスコン	光る舗装
木屑	粉砕	ウッドチップ	木質系舗装	歩行者系舗装
プラスチック	粉砕	（骨材）	アスコン	カラー舗装
ＦＲＰ	粉砕	（骨材）	アスコン	
碍子	粉砕	（骨材）	アスコン	
貝殻	粉砕	（骨材）	アスコン	明色舗装

トピックス　ゴミ捨て場、埋め立て、土地造成、夢の島

　東京臨海副都心で、Rainbow Town からお台場と称され有名となっている地域は全域がゴミ処分の埋立地である。

　東京のゴミ急増の対応としての処分場を夢の島として 1957 年より開始し 20 年後以降には緑地、公園、スポーツ、商業施設等での賑わいをもたらしている。廃棄物の有効利用の大きな成果？ともいえよう。これには 2 ～ 4m という浅瀬であった利点もあるが、路体、路床へと無機化して道路や高層ビルの各種の基盤へと変化したこともあろう。

　また、都心と結ぶ Rainbow Bridge やモノレールが開通し、交通の便が良くなったこともある。この橋の名称はナイアガラの滝で、アメリカとカナダの国境に架かる橋の名称を使用している。土地と橋の名称 "Rainbow" は元祖の二つを繋ぐあるいは埋める bridge の意、都心～新開地そして廃棄物～造成地にもかかっているように思えます。

原型加工が３割で，残りが再生資材などである）が大きく，表中の再生資材も舗装材料として使用される割合は僅かで，しかも限られた場所での適用となる場合が多い。

まとめ

① コンクリート材料では鉄筋コンクリートのマテリアルフローを，その製作での使用量と解体後の再資源化についての全体を捉えるように示した。

② 産業副産物の活用として，その用途と種類をセメント原料と骨材使用とで図られていることを示し，その活用関連の主な資材にエコセメント，石炭灰，鉄鋼スラグ，エコスラグ，砕石粉，生コンスラッジがある。それぞれについての活用現況を関連の節，項で説明した。

③ 鉄鋼材料では製鉄，製鋼技術の歴史，省エネルギーや環境対策への取組み，特に最近のエネルギー源としての産廃物の利用の現況を示した。

④ アスファルト材料では修繕時に発生するアスコン塊を破砕した再生骨材が産業副産物の再利用の主たる資材で，素材のアスコンに使用されるアスファルト，骨材，添加剤の各構成材料と併せてその製法と規格，活用などを紹介した。

⑤ 産業副産物として鉄鋼スラグ，エコスラグ，石炭灰の生成経緯と具体的な活用例を示し，他産業廃棄物については，その再生資材の状況を紹介した。

引用・参考文献

3.1) コンクリートの環境負荷評価小委員会：コンクリートの環境負荷評価委員会報告書，コンクリート技術シリーズ44，土木学会，Ⅰ-122，2002.5

3.2) 土木学会：コンクリート構造物の環境性能照査指針（試案），コンクリートライブラリー，No.125，180pp.，2005.11

3.3) 国府勝郎，十河茂幸，河野広隆，野口貴文：コンクリート用骨材の現状と展望～骨材の品質と有効利用に関する研究委員会報告より～，コンクリート工学，

Vol.46, No.5, pp.127-133, 2008.5

3.4) 日本砕石協会　HP　のデータから作図

3.5) 細谷俊夫：セメント産業における CO_2 排出削減の取組み，コンクリート工学，Vol.48, No.9, pp.51-53, 2010.9

3.6) セメント協会：セメントの常識，2013.4

3.7) JIS R 5214:2009 エコセメント

3.8) 市原エコセメント HP

3.9) 盛岡　実：石灰岩微粉末，コンクリート工学―産業副産物起源のコンクリート用混和材の有効活用―，Vol.52, No.5, pp.405-408, 2014.5

3.10) JIS A 5041:2009 コンクリート用砕石粉

3.11) JIS A 5308:2009 レディーミクストコンクリート

3.12) 長谷川　宏：舗装用アスファルトの製造と流通，第 79 回アスファルトゼミナールテキスト，日本アスファルト協会，2001.1

3.13) Performance Graded Asphalt Binder Specification and Testing, Superpave Series No.1, Asphalt Institute,1997.3

3.14) 日本道路協会：舗装設計施工指針，2001.1

3.15) 日本アスファルト乳剤協会：アスファルト乳剤　一般的な性状とその応用，2002.2

3.16) 生駒年美：舗装用材料のつくり方④，砕石，Vol.34,1999.10

3.17) 井上武美：道路用細骨材の硬さの評価，土木学会論文報告集，No.276,1998.6

3.18) 日本道路協会：舗装再生便覧，2004.2

3.19) 秋葉国造，他：繰り返し再生利用を可能とする改質アスファルトの検討，土木学会論文集，No.578,V-37,1997.11

3.20) 鉄鋼スラグ協会：パンフレット

3.21) 環境省大臣官房産廃物ＨＰ，リサイクル対策部，産廃物対策課

3.22) 井上武美：溶融スラグの道路舗装材料への利用実態，都市清掃，第 54 巻，242 号，2001.7

3.23) 日本コンクリート工学協会：廃棄物のコンクリート材料への再資源化研究委員会報告書，2003.6

3.24) 日本道路建設業協会技術委員会：産業副産物の舗装材への活用，2004. 3

第4章

構造材としてのコンクリートの利用

4.1 コンクリートに要求される性能

コンクリートは，無筋コンクリート，鉄筋コンクリート，プレストレストコンクリートなどの構造部材や構造物に活用され，鋼と共に社会基盤施設を構成する主要材料である。コンクリートの特徴を挙げると，利点としては①自由な形状の形成が可能である，②材料の入手が容易である，③耐久的である，④耐火的である，⑤材料として廉価である，⑥素人でも容易に扱える（欠点でもある），などがある。一方，欠点としては①質量が大きい（利点となることもある），②強度の発現に時間を要する，③材料分離を生じやすい，④硬化後の品質判定がむずかしい，⑤フレッシュコンクリートでは現場施工が多いために品質管理や精度の確保に多くの努力が必要である，⑥供用停止後の改造や撤去に多くのエネルギーが必要である，などが挙げられる。コンクリートは容易に扱える材料であるが，材料の選定，製造，施工の各段階において細心の注意を払うことが必要であり，技術者の技量によって造られた構造体の品質は大幅に相違するものである。

所要の品質を確保するためにコンクリートに要求される主な性能としては、半液体状のフレッシュコンクリートに関して

ワーカビリティーが良好なこと：すなわち，①使用材料が均等に練混ぜられており，使用材料に分離を生じないこと，②コンクリートの運搬や打込みに際して所要の流動性を有していること（すなわち，流動に対する抵抗性（コンシステンシー）が小さいこと。

ポンパビリティーが良好なこと：すなわち，施工現場でコンクリートを輸送

管で圧送するときに管内でコンクリートの分離や管内閉塞を生じないこと。

徐々に硬化する過程では（本章では，フレッシュコンクリートの範疇に含める），

凝結特性が良好なこと：コンクリートがセメントの水和反応によって硬化するときに，こわばりが早すぎると打込みが困難となり，また，遅すぎると強度の発現に支障をきたす。

硬化の過程で大きな収縮を生じないこと：セメントの水和反応は収縮反応かつ発熱反応であり，また，硬化の過程で水分の蒸発により収縮するが，収縮量が大きいとひび割れを生ずる。

硬化後のコンクリートに関しては，

所要の強度を有すること：所定の材齢（通常は，普通ポルトランドセメントを用いたコンクリートでは材齢 28 日）で設定した強度（通常は圧縮強度）を発現すること。

十分な耐久性能を有していること：構造物は建設後に厳しい自然環境に曝されるが，供用期間中に所要の性能が保持されていること。

環境との対応では

周囲環境と調和した構造体であること。

環境に対する負荷が大きくないこと（たとえば，CO_2 発生量，エネルギー消費量が過大でないこと）

などが挙げられる。

4.2 使用材料と品質

(1) 使用材料の構成

コンクリートを構成する材料は，セメント（C），水（W），細骨材（S），粗骨材（G），および混和材料であり，混和材料は複数種類混和されるのが通常である。セメントペーストは 5 材料のうちセメントおよび水のみを使用した

4.2 使用材料と品質　　61

ものであり，モルタルはセメント，水，細骨材から構成されている。コンクリートにおけるそれぞれの役割は，

セメント（C）：コンクリートを造る基本材料であり，水との化学反応により硬化し"のり"の役目を果たす。

水（W）：セメントの水和反応に不可欠であるとともに，フレッシュコンクリートの流動性を付与する。

細骨材（S）および粗骨材（G）：セメントと水を使用した硬化体であるセメントペーストでは，水和や乾燥時の収縮が大きく，クリープも大きな値となる。また，セメント使用量も多くなる。これらの欠点を補正するための不活性な材料であり，材料としても廉価で経済的である。

混和材料：コンクリートの品質の弱点を補正する目的の材料（たとえば，AE剤），コンクリートの品質を向上させる目的の材料（たとえば，減水剤）などがある。使用量によって，混和剤と混和材に分類されており，前者は薬剤のように少量を添加するが（せいぜい，セメント量の1％以

トピックス　　ポリマーコンクリート

　コンクリートというと通常はセメントコンクリートを指している。Con-crete は元々"物質を接合させたもの"の意味で，セメントコンクリートは"骨材をセメントで接着させたもの"である。接着の材料にアスファルトを使用すると"アスファルトコンクリート"となり，道路舗装などに汎用されている。ポリマー（高分子材料）を接着の材料の一部あるいは全量を使用したものが"ポリマーコンクリート"であり，特に樹脂（レジン）を使用したものは"レジンコンクリート"ともいわれる。セメントコンクリートに比して引張能力，伸び能力，曲げ能力，防水性などが優れているが，経済性などの点で建設用としては大規模に使用されてはいない。樹脂（レジン）としては不飽和ポリエステル樹脂を用いプレキャスト材として路盤ブロック、パイプ、U字溝などが製造されている。

下程度），後者の添加量は多く（セメント量の５％程度以上）配合計算で添加による容量増加を考慮する必要がある。

(2) セメント

(a) セメントの種類

セメントは大別すると、ポルトランドセメント、混合セメント、特殊セメントの３種がある。

ポルトランドセメント：石灰岩と粘土を主成分として燃焼させ，焼成生成物(クリンカーと称される)に石膏を添加し粉砕したセメント。

混合セメント：クリンカーを粉砕しさらに高炉スラグ(製鉄の高炉で発生する副産物，3.4(1)(a))やフライアッシュ(火力発電所で使用される微粉炭の燃焼灰，3.4(3))を加えたセメントであり，高炉セメント，フライアッシュセメントと呼称される。

特殊セメント：目的に応じて添加物，構成成分，化学組成などを変えたものであり，膨張セメント，低発熱セメント，白色ポルトランドセメント，超微粒子セメント[注1]，高ビーライトセメント[注2]，エコセメント（3.1(2)(b) 参照）などがある。

ポルトランドセメントは最も多く使用されており目的や用途に応じて，普通

注 1)　超微粒子セメント：通常使用されている普通ポルトランドセメントの粒子の粉末の度合いは 3,000cm^2/g（ブレーン比表面積。セメント 1g 当たりの表面積）であるが，細かく粉砕されたセメントであり，トンネルのグラウト工事や比較的大きなひび割れの注入工事などに使用される。

注 2)　高ビーライトセメント；セメント構成成分(C_3S：エーライト，C_2S：ビーライトなど）のうち，ビーライトの成分を増すように材料調整したセメントであり，水和初期の発熱が抑えられ，セメント混入量が多くなる傾向にある高流動コンクリートや高強度コンクリートなどに用いられる。

4.2 使用材料と品質

トピックス　　特殊セメントについて

セメントは目的に応じて種々のセメントが開発され活用されている。たとえば，ポルトランドセメントに目的にあわせて特別な材料を添加したもの

- 膨張セメント：コンクリートの収縮によるひび割れを防止するために用いられ，たとえば，カルシウムサルフォアルミネート，生石灰などをあらかじめセメントに混入している。
- 低発熱セメント：ポルトランドセメントをベースにセメントの発熱量を低減させるために高炉スラグやフライアッシュを適量添加したもので，マッシブな構造体（ダム，明石海峡大橋の橋脚など）の施工に使用された。

ポルトランドセメントの成分や粒度を目的に応じて変えたもの

- 白色ポルトランドセメント：ポルトランドセメントで灰色のもととなる酸化第二鉄（Fe_2O_3）の混入量を原料の段階で低くしたもので，打ち放しコンクリートなど表面の美観を重視するコンクリート体に使用される。

ポルトランドセメント，早強ポルトランドセメント，中庸熱ポルトランドセメント，耐硫酸塩ポルトランドセメント，低熱ポルトランドセメントに分類され，これらは JIS(JIS R 5210 ポルトランドセメント) に規定されている。

(b)　ポルトランドセメントの製造

セメントは原料を焼成することで新たな化合物として生成されたものであり，原料の焼成は主に C_3S（その他に，C_2S, C_3A や C_4AF がある[注3]）を生成す

注3)　セメントの構成鉱物：通常次の記号が使用されている。C は CaO，S は SiO_2，H は H_2O のことである。

C_2S：$2CaO \cdot SiO_2$ の略 (ケイ酸 2 石灰)，C_3S：$3CaO \cdot SiO_2$ の略 (ケイ酸 3 石灰)

C_3A：$3CaO \cdot Al_2O_3$ の略 (アルミン酸 3 石灰)，C_4AF：$4CaO \cdot Al_2O_3 \cdot Fe_2O_3$ の略 (アルミン酸鉄酸 4 石灰)

第4章 構造材としてのコンクリートの利用

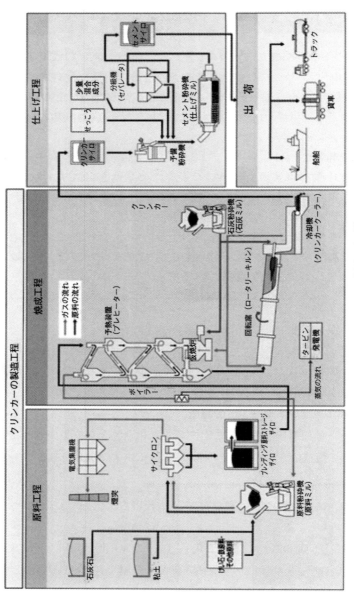

図-4.1 セメントの製造工程 [4.1)]

4.2 使用材料と品質

表-4.1 ポルトランドセメント (1 t) 製造に必要な原料 [4.1)]

原料	石灰岩類	粘土類	けい石類	鉄原料他	せっこう類	合計
使用量 (kg)	1,191	223	75	27	39	1,555

る工程である。石灰岩 (成分の 50％前後は CaO) や粘土（成分の 50 ～ 70％
は SiO_2）から C_3S を生成するためには 1450℃程度の高温が必要であり，多
くのエネルギーが必要であるとともに，焼成過程で多量の CO_2 が放出される。
表-4.1 はセメント 1 t を製造するのに必要な原料を示している [4.1)]。

図-4.1 はセメントの製造工程を示しているが [4.1)]，環境への負荷を低減する
ために各種の工夫がなされている。産業副産物や生活発生物をセメント混合材
料として活用する (高炉スラグ，石炭灰のフライアッシュ，汚泥スラッジなど，
3.4(1)(a)，3.4(2)，3.4(3) 参照)，省エネルギーとしてキルンへ原料を投入する
前に廃熱によって事前に加熱する，廃棄物 (廃タイヤ，廃プラスティックなど
) を燃料として活用する，などの処置がとられている。

(3) 練混ぜ水

練混ぜ水は，①フレッシュコンクリートの水和，②硬化コンクリートの特
性，などに悪影響があってはならない。①ではセメントの凝結時間を早めない
あるいは遅延させないこと（一般に遅延が問題)，②では水和に影響を与えず
所定の強度を発現する，などが必要である。また，鉄筋コンクリートでは内部
の鋼材を腐食させないことも大切である。上水道は練混ぜ水として理想的であ
るが，その他の水（地下水，河川水など）を使用するときには，土木学会基準
JSCE-B 101 [4.2)] では

　　　塩化物イオン量：200ppm 以下

　　　モルタルの圧縮強度比：材齢 1,7,28 日で 90% 以上（上水道を用いた場合
　　　　との比較）

などとしている。海水に関しては，鉄筋コンクリートでは鉄筋の腐食を促すた

めに認められない。用心鉄筋程度の配筋の無筋コンクリートでは海水の利用も可能であるが，長期材齢の強度増進が少なく，エフロレッセンス[注4] を生じやすい。

コンクリートはレディーミクストコンクリート工場で製造されことが多い。工場では運搬車やミキサの洗浄作業により，定常的に骨材を含む排水が発生する。pH の高い洗浄排水を工場外に排出することは周辺環境に対し影響が大きく，また，水の有効利用のためにも洗浄排水は工場内で再利用されている[4.3]。詳細は 3.1(2)(d) 生コンスラッジの項を参照。

(4) 骨材

(a) 骨材の種類

骨材はコンクリートの 65 〜 75 %（容積として）を占め，コンクリートの品質に大きな影響をおよぼす。骨材は，適度な粒度や粒形を有し，堅硬で物理的に大きな強度を有し，コンクリート中で化学的に安定で，環境作用に対して耐久性を有することが必要である。

細骨材：10mm ふるいを全部通り，5mm ふるいを質量で 85 %以上通る骨材

粗骨材：5mm ふるいに質量で 85 %以上留まる骨材

骨材には天然骨材（川砂・川砂利，山・陸産の砂・砂利，海砂・海砂利など）

注 4） エフロレッセンス：“エフロ” あるいは “白華” とも呼ばれ，コンクリート空隙中の水分に溶解した成分がコンクリート表面に運ばれ，そこで水分が蒸発して析出した白色物質である。成分は，$Ca(OH)_2$，$CaCO_3$，Na_2CO_3，Na_2SO_4 などである。エフロレッセンスの発生がコンクリートの強度低下を引き起こすことはないが，美観を損なうためにしばしば問題とされる。

と人工骨材（砕砂・砕石，スラグ細骨材・粗骨材，再生骨材，人工軽量骨材[注5]など）があるが，川砂・川砂利の使用割合は低く，山・陸産の砂・砂利，海砂，砕砂・砕石が多く使用されている。砕砂，砕石に関しては JIS A 5005「コンクリート用砕石および砕砂」が規定されている。また，地域性が強く日本の西側方面では砕砂・砕石などの依存度が強い。砕石および砕砂の製造に関しては 3.3 (2)を参照されたい。また，環境への負荷低減や資源の有効活用からスラグ細骨材・粗骨材も使用され，再生骨材なども活用される方向にある。砕石に用いられる岩種は安山岩，砂岩，石灰岩が多い。表 -4.2 はこれら石材の品質の例を示しており，一般にコンクリート強度よりも大きな値となっている。

表 -4.2　岩石の性質

種類	絶乾密度 (g/cm³)	圧縮強度 (N/mm²)	ヤング係数 (kN/mm²)	吸水率 (%)	熱膨張係数 (10⁻⁶/℃)
安山岩	2.5	98		2.5	8
石灰岩	2.7	49	30	0.5〜5.0	5

(b)　骨材の所要品質

密度，吸水率，粒度，粒形，不純物や有害物，有害鉱物，耐久性，すりへり抵抗性などに関して所要の性能が求められる。

①　密度

骨材の強度や吸水性に関連し，値が小さいと強度が不十分で骨材空隙への吸水が大きいことが予想されるため，ある程度の密度が必要である（人工軽量骨

注5）人工軽量骨材：原料は，膨張貝岩，膨張粘土，フライアッシュなどであり，高温（約 1000℃）に焼成して製造する。造粒型は，原石を微粉砕し造粒機などで球形状に成形し乾燥して，焼成したものである。一方，非造粒型は原石を粗骨材用（20〜5 mm）および細骨材用（5mm 以下）に分級し，焼成したもので角ばった形状を有している。

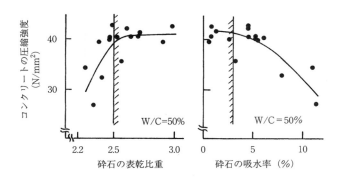

図-4.2 骨材の密度や吸水率とコンクリート強度の関係[4.4]

材をのぞく)。図-4.2は密度や吸水率とコンクリート強度の関係の一例を示している[4.4]。骨材の密度は骨材中の空隙への水の充填度合いで変わり、絶乾密度(骨材の絶対乾燥状態の質量を絶対乾燥状態の容積で除した値)、表乾密度(骨材の表面乾燥飽水状態の質量を表面乾燥飽水状態の容積で除した値)などがあり、表乾密度は次式により求められる。

$$\text{表乾密度 (Ds)} = \frac{\text{表乾状態の質量}}{\text{表乾状態の容積}} \text{ g/cm}^2$$

骨材の吸水率をQ(%)とすると、絶乾密度(D_D)との関係は

$$D_D = \frac{Ds}{1 + Q/100}$$

表-4.3は一般的な骨材の品質を示している。

② 吸水率

コンクリートの流動性や強度は加える水の量によって左右され、水量が多いほどフレッシュコンクリートの流動性は大きくなるが、硬化コンクリートの強度は低下する。このため、骨材内部に含まれるあるいは表面に付着した水量は厳密に管理されなければならない。骨材の含水状態は図-4.3に示されている。

4.2 使用材料と品質

表-4.3 骨材の一般的品質

骨材の種類		絶乾密度 (g/cm³)[1]	吸水率 (%)	単位容積質量 (kg/ℓ)	実績率 (%)
天然骨材	川砂	2.5〜2.7	1〜4	1.6〜1.8	61〜67
	川砂利	2.5〜2.7	0.8〜2.0	1.6〜1.7	63〜66
砕石	粗骨材	2.5〜2.8	0.5〜1.5	1.4〜1.6	55〜60
高炉スラグ	細骨材	2.6〜2.7	0.4〜1.5	1.5〜1.6	
	粗骨材	2.4〜2.6	2.4〜3.3	1.4〜1.5	
人工軽量骨材	細骨材	1.6〜1.8	1〜12[2]	0.9〜1.2	50〜59
	粗骨材	1.2〜1.3	2〜10[2]	0.7〜0.8	60〜65

注：1) 天然骨材は表乾密度
　　2) 製造法（造粒型，非造粒型）の種類により異なる。

骨材は気乾状態や湿潤状態にある。コンクリートの配合計算（示方配合）では骨材は表乾状態であるとして各材料の質量が求められるので，現場配合では実際の骨材の含水状態に合わせて示方配合を修正している。含水量，吸水量，表

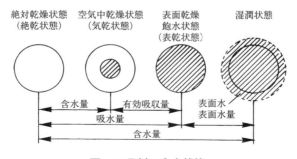

図-4.3 骨材の含水状態

面水量に対して，それぞれの比率は次式で求められる。

$$含水率 = \frac{含水量}{絶乾質量} \times 100 （\%）、吸水率 = \frac{吸水量}{絶乾質量} \times 100 （\%）$$

$$表面水率 = \frac{表面水量}{表乾質量} \times 100 （\%）、$$

$$表面水率 = （含水率 - 吸水率） \times \frac{1}{1 + （吸水率 /100）} （\%）$$

③　粒度

粒度は骨材の大小粒の混合状態をいう。粒度は骨材のふるい分け試験によってえられ，大小粒が適度に混合した骨材を用いると，より少ない単位水量や単位セメント量で所要のワーカビリティーのコンクリートをうることが出来る。粗骨材は粒度が適切であると，骨材間の空隙を少なくして分離を低減し経済的なコンクリートが得られる。

骨材の粒度を把握する簡易な指標として，粗粒率（F.M., fines modulus）が用いられ，次式で求められる。

$$粗粒率 (F.M.) = \sum_{1}^{10} \frac{ふるいに留まる試料の質量}{試料の全質量} \times 100$$

ただし，ふるいは，80mm，40mm，20mm，10mm，5mm，2.5mm，1.2 mm，0.6mm，0.300mm，0.150mm の 10 種類

通常使用される骨材の F.M. は，細骨材で 2.5 〜 3.0，粗骨材で 5.8 〜 6.3 程度である。粗骨材では最大寸法が定められている。質量で 90％以上が通るふるいのうち，最小寸法のふるいの寸法を粗骨材の最大寸法としている。粗骨材の最大寸法の大きな骨材を用いると粗骨材とモルタルとの接触面が減少し，所定の流動性を確保するための単位水量が少なくてすみ発熱量も少なく経済的なコンクリートをうるために有利であるが，材料分離が懸念されること，モルタルと粗骨材の複合材料であるコンクリートが均一材料とみなしにくくなること，コンクリート体に隅々までコンクリートが充填しにくくなること，などから表 -4.4 に示す制限が設けられている [4.5)]。

4.2 使用材料と品質

表 -4.4 粗骨材の最大寸法 [4.5)]

	粗骨材の最大寸法	標　準
鉄筋コンクリート	部材最小寸法の 1/5 以下，かつ，鉄筋の最小あきの 3/4 以下，かつ，かぶりの 3/4 以下	25 mm，20 mm
無筋コンクリート	部材最小寸法の 1/4 以下	40 mm

④　単位容積質量および粒形

単位容積質量は，容器に満たした骨材の絶乾質量を単位容積に換算したものである。骨材には，扁平なもの，細長いもの，角張ったものなどの少ない粒形の整った物が好ましい。粒形を表わす工学的な指標として，実績率が用いられている。実績率は次式に示すように，容器に骨材を詰めたときに容積中での詰まっている度合いを表すもので，粒形が良好な骨材ほどその値は大きな値を示す。表 -4.3 に示したように，砕石は相対的に低い値である。

$$実績率 = T \times \frac{100}{D_D} = T \times \frac{100 + Q}{D_S}$$

ただし，　T：単位容積質量（絶乾）

D_D：絶乾密度

D_S：表乾密度，Q：骨材の吸水率 (%)

⑤　不純物や有害物

骨材は自然界から採取されることが多いために，コンクリートの品質に好ましくないものも含有することがある。たとえば，粘土塊，有機不純物などがあり，砂の粘土塊の限界値は 1.0％である [4.5)]。

⑥　骨材の安定性

コンクリート中で骨材は化学的，物理的に不活性で安定性を有していなければならない。化学的安定性に関しては，セメント水和物と骨材とのアルカリ骨材反応がある（4.5.(4) 参照）。物理的安定性の一例としては，乾湿の繰返し作用で著しい体積変化を生ずるもの（たとえば，ローモンタイト），吸水により膨張性のあるもの（たとえば，ある種の濁沸石）などがあり，コンクリートの

膨張ひび割れの発生や骨材粒のポップアウトを引き起こす。JIS に定められた骨材の安定性試験（JIS A 1122 硫酸ナトリウムによる骨材の安定性試験方法）としては，コンクリートを硫酸ナトリウム溶液に浸漬して硫酸ナトリウムの結晶圧に対する抵抗性を試験する方法があり，骨材の耐凍害性を判断する方法として用いられることが多い。

(5) 混和材料

表 -4.5 は主な混和材料を纏めたものである。

(a) 混和剤

① AE 剤

コンクリートを練混ぜると，フレッシュコンクリートには容積で 1 〜 2％の

表 -4.5 混和材料の種類

種類	目的あるいは効果	種類
混和剤	ワーカビリティーの向上，耐凍害性の改善	AE 剤，AE 減水剤
	ワーカビリティーの向上，単位水量および単位セメント量の減少	減水剤，AE 減水剤
	大きな減水効果，強度の増加	高性能減水剤，高性能 AE 減水剤
	配合や硬化後の品質に影響を与えず流動性を大幅に改善	流動化剤
	粘性の増大で水中での材料分離を大幅に低減	水中不分離性混和剤
混和材	ポゾラン活性を利用	フライアッシュ，シリカフューム
	潜在水硬性を利用	高炉スラグ微粉末
	硬化過程で膨張性を付与	膨張材
	高流動性のコンクリートの材料分離低減やブリーディング減少	石灰岩微粉末

4.2 使用材料と品質

空気が巻き込まれる。これをエントラップトエアー (entrapped air) といっている。さらに，微細な空気泡（直径 5 〜 300 μm）を混入する目的で添加する混和剤が AE 剤である。通常は 4 〜 6％程度の空気量となるように AE 剤を加え，このときの空気はエントレインドエアー (entrained air) と呼ばれており，それぞれが独立した球状の微細な空気泡として存在している。AE 剤は石鹸のように界面活性剤の一種であり，コンクリート中で気相，液相，固相の界面の性状を変化させる。AE 剤の効果は，①微細な空気泡がボールベアリングのような効果を発揮して，コンクリートのワーカビリティーを改善する，②コンクリートが凍結融解作用を受けるとき，コンクリート中の空隙に存在する自由水

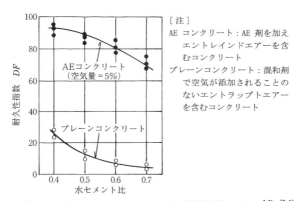

図 -4.4 AE コンクリートによる耐凍害性の向上 [4.6]、[注6]

注6) 耐久性指数：コンクリートの凍結融解に対する抵抗性の判断の指標として耐久性指数 (Durability Factor, DF) が用いられている。DFは次のようにして求められる。
凍結融解試験のサイクル数が 300 回未満で相対動弾性係数が 60％以下となった場合

$$DF = \frac{0.60 \times N}{300} \times 100 (\%), \quad N: 相対動弾性係数が 60％ となったときのサイクル$$

凍結融解試験のサイクル数 300 回で相対動弾性係数が 60％以上のとき

　　DF：300 サイクルでの相対動弾性係数 (%)

| トピックス | CO₂を吸収するコンクリート用混和材 |

トピックス　CO$_2$を吸収するコンクリート用混和材

　コンクリートの課題の一つは，使用材料のセメントの製造時に多量のCO$_2$を発生することである。セメント原料に石灰分を含み原料を高温で焼成することによりセメントが作られその過程でCaCO$_3$ → CaO+CO$_2$の反応が生ずる。このため，

　　① 製造時にCO$_2$発生の少ない混和材を用い，セメント代替の混和材として使用する。

　　② 混和材はCO$_2$を吸収する性能を有する。

　この目的で開発された混和材が"γ-2CaO・SiO$_2$混和材（以下，γ-C$_2$Sと記す）"である。γ-C$_2$Sは産業副産物の副生水酸化カルシウムとけい石を原料として作られる。γ-C$_2$Sは水硬性はないがCO$_2$を吸収し炭酸化反応を起こすことによって強度を発現する性質を持っている。γ-C$_2$Sは製造時におけるCO$_2$発生量が少なく，コンクリートとしてはCO$_2$発生量を減少させることができる。利用例としては，γ-C$_2$Sを混和したプレキャストコンクリート部材をCO$_2$濃度の高い排出場所（たとえば，火力発電所の排気場所）で炭酸化養生するなどが考えられているが，従来のコンクリートのCO$_2$発生量をキャンセルできるγ-C$_2$Sの混入量はセメント使用量に対して50%を代替することで可能である。また，炭酸化反応によって従来のコンクリートと同等程度の強度は確保することができる。コンクリートの鉄筋に対する防錆機能に関しては，今後の課題である。

文献

1）取違　剛，横関康裕，吉岡一郎，盛岡　実：CO$_2$発生量ゼロ以下の環境配慮型コンクリート，建設リサイクル，Vol.61，pp.43-47，2012.10

2）取違　剛，横関康裕，盛岡　実，山本賢司，吉岡一郎：コンクリート構造物への強制炭酸化技術の適用によるCO$_2$排出削減，コンクリート工学，Vol.48，No.9，pp.39-42，2010.9

の凍結による膨張圧を緩和するクッション材の役割を果たし，また，コンクリート中の自由水の隣接空げきへの移動を可能として耐凍害性を著しく向上させる。図-4.4はAE剤の使用による凍結融解作用に対する抵抗性の変化を示している[4.6]。　一方，空気を混入することはコンクリートに微細欠陥を増加させ

4.2 使用材料と品質

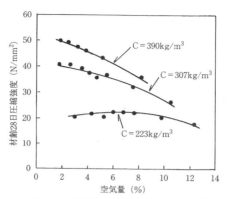

図-4.5 空気量と圧縮強度の関係 [4.6)]

ることを意味し，図-4.5に示すように通常の配合では空気量の増加とともに強度は低下し[4.6)]，スランプと強度を同一とするとAEコンクリートは若干の単位セメント量の増量を必要とする。

一般に行われる試験方法はJIS A 1148「コンクリートの凍結融解試験方法」で定める水中凍結融解試験方法であり，凍結融解の1サイクルは，3～4時間として，最高温度5℃，最低温度-18℃としている。使用材料や配合などの異なるコンクリートの凍結融解抵抗性を比較することに適用されている。

② AE減水剤および高性能AE減水剤

AE剤に減水効果を加味した混和剤がAE減水剤および高性能AE減水剤である。AE効果と減水効果が重なり，スランプと強度を同一としたときに添加しないプレーンコンクリートに対してAE効果による強度低下を補填するために水セメント比を減少させる必要があり，減水効果により単位水量を減少させることができ，総合的には結果として単位セメント量も若干少なくすることが出来る。減水機構の一例は図-4.6に示すようにセメント粒子と練混ぜ水の界面を変化させることにあり[4.7)]，フロック状態（セメント粒子が相互に結びつき，練混ぜ水の一部を閉じ込めてしまう状態）のセメント粒子表面に吸着し静電気的な斥力によりセメント粒子を分散させる。フロック構造が開放されるために，

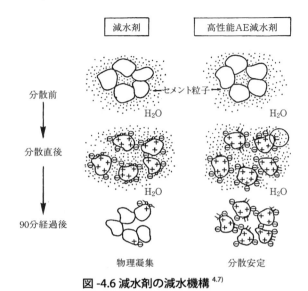

図-4.6 減水剤の減水機構[4.7)]

練混ぜ水がコンクリートの流動性の増加に寄与することが可能となる。同一の流動性を前提とすると，添加しないコンクリートに対してAE減水剤では12〜16%程度，高性能AE減水剤では20〜30%程度の減水効果が得られる。

　なお，JISでは，AE剤，減水剤，AE減水剤，高性能AE減水剤を総称してJIS A 6204「コンクリート用化学混和剤」と呼んでおり，減水剤およびAE減水剤は凝結時間の相違によって3種（促進形，標準形，遅延形），高性能AE減水剤は2種（標準形，遅延形）に分類されており，気温その他による施工条件に対応できるようになっている。表-4.6はスランプと強度をほぼ同一としたAE減水剤を用いないコンクリートと用いたコンクリートの配合の一例を示している。なお，通常のコンクリートではワーカビリティーの観点から，寒冷地でなくてもAE効果の有するAE減水剤を使用することが原則となっている。

4.2 使用材料と品質

表-4.6 AE減水剤を用いたコンクリートの配合

AE減水剤の有無	配合				スランプ	空気量	圧縮強度（N/mm²）	
	W/C(%)	C(kg/m³)	W(kg/m³)	s/a(%)	(cm)	(%)	7日	28日
無	56.8	299	170	38.8	8.2	1.4	25.1	40.2
有	42.0	304	146	37.2	6.4	3.8	28.8	41.9

注：普通ポルトランドセメント，川砂，川砂利，粗骨材最大寸法 25 mm

(b) 混和材

① フライアッシュ

フライアッシュは，火力発電所で微粉炭を燃焼する際に発生する石炭灰のう

トピックス　フレッシュコンクリート中の空気量の測定

材料を混合して練り混ぜた状態のコンクリートに存在する空気量の測定はボイル・シャルルの法則によっている。ボイル・シャルルの法則では"PV/T＝一定"が成り立つ。

下図に示す鋼製容器にコンクリートを充填し（このときのコンクリートの容積．V），作用している上面からの圧力をPとする），上面からさらにΔPだけ加圧したとする。このとき，当初の容積はΔVだけ減少する。コンクリート構成材料の個体（骨材）や液体（練混ぜ水）の圧力による容積変化は気体に比較し極めて微小であり，容積変化はコンクリート中の空気によるものである。ボイル・シャルルの法則から，

$$\frac{PV}{T} = \frac{(P+\Delta P) \times (V-\Delta V)}{T}$$

であり，微小部分を無視し温度一定とすると

$$\frac{\Delta V}{V} = \frac{\Delta P}{P}$$

であるから，圧力比に応じて容積変化（空気量％表示）を求めることができる。実際には骨材内部の空気量なども修正する場合がある。

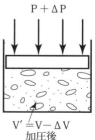

ち電気集塵機などによって捕集したものの総称であり，JIS規格（JIS A6201）ではフライアッシュⅠ種からiv種まで規定されている。フライアッシュはポルトランドセメントと混合してフライアッシュセメントとしても利用されている。3章3.4(3)も併せ参照されたい。

主に使用されているフライアシュは"フライアッシュⅡ種"でありその品質は，密度 2.0～2.2g/cm³, 比表面積 3,000～5,000cm²/g, 粒径 1～100μm（平均粒径 20μm）程度である。フライアッシュそれ自体では水和作用はないが，セメント水和物の一部と反応しセメントの水和が助長される。すなわち，フライアッシュに含有されるシリカがセメント水和物の空隙中の水分に溶解し，セメントの水和生成物である水酸化カルシウム（$Ca(OH)_2$）と反応し（"ポゾラン反応"と呼んでいる)，不溶性のカルシウムシリケート水和物（C-S-H系水和物）を生成する。このような性質を"ポゾラン活性"と呼んでいる。

フライアッシュは表面が滑らかな球状であり，コンクリートに混和したときに材料相互の摩擦を減少させワーカビリティーを改善することが出来る。フライアッシュの反応はセメントの水和に遅れて生ずるために，図-4.7に示すように混和量の増加に応じて早い時期の強度増加は少ない[4.8]。しかし，長期材齢ではポゾラン活性の効果によりフライアッシュを混和したコンクリートは，セメント単身の強度を上回る。長期にわたる強度の増進は水和作用がゆっくり

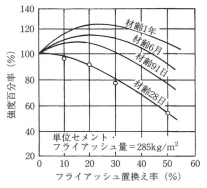

図-4.7 フライアッシュ置換率と強度の関係 [4.8]

進行することを意味し，初期の水和熱の発生が抑制され水和物中の水酸化カルシウムも徐々に消費される。このために，マッシブな構造体，水密を要求され化学的作用や海水作用を受ける構造体などに利用されている。

② 高炉スラグ微粉末

図-3.11 に示したように，高炉スラグ微粉末は銑鉄製造時の副産物であるスラグが原料となっており，高炉から排出された溶融状態のスラグを水ジェットで急冷させて，その後微粉砕し調整したものである。急冷されたスラグはガラス状で（徐冷されたものは結晶質），それ自体での水和能力はきわめて小さいが，アルカリ雰囲気では水和作用を有する。高炉スラグ微粉末は高炉セメントの原料としても使用されているが，コンクリート用混和材として，高流動コンクリートなどにも混和されている。規定されている JIS A 6206「コンクリート用高炉スラグ微粉末」のうちで一般に使用されているのは"高炉スラグ微粉末 4000"であり，その品質は密度 2.8g/cm³以上，比表面積 3,000～5,000cm²/g 程度である。3章 3.4(1)(a) も併せ参照されたい。

急冷スラグは pH12 以上のアルカリ雰囲気では，含有するシリカ，石灰（CaO），アルミナなどがセメント水和物中の空隙の水分に溶出し，不溶性のカルシウムシリケート水和物（C-S-H 系水和物）などを生成するといわれている。

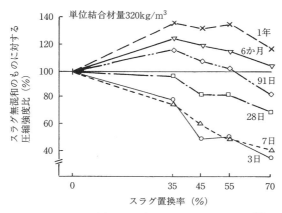

図-4.8 高炉スラグの混入率と圧縮強度 [4.9]

これを，"スラグの潜在水硬性"と称している。コンクリートは練混ぜ水の注水後はセメントの水和によってpHが12.5以上となり，スラグが水和する条件を備えている。使用目的はフライアッシュとほぼ同様であり，図-4.8に高炉スラグ微粉末の混入率と圧縮強度との関係を示している[4.9]。

③ 膨張材

コンクリートの短所の一つは，硬化過程や大気暴露などにおいて収縮することである。コンクリートの収縮に対する抵抗能力は小さく，特に，材齢の早い時期にひび割れが発生することがあり，これを防止する有効な方法にひとつはコンクリートに膨張性を付与することである。膨張材は早期材齢でコンクリートに膨張を与える混和材であり，エトリンガイトや水酸化カルシウムの結晶を生成させるものである。常温では，材齢3～7日程度で膨張が収束するように調整されている。

膨張材を混和したコンクリート（膨張コンクリートと称せられる）の膨張特性を図-4.9に示した[4.10]。収縮補償を目的として膨張コンクリートでは膨張材の混入量は30kg/m³（コンクリート1m³当り）であり，この程度の混入量では膨張材を加えないコンクリートと同程度の強度である。一方，過量に膨張材を

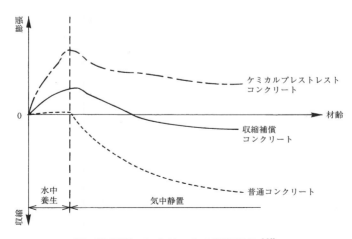

図-4.9 膨張コンクリートの膨張特性 [4.10]

混入しその膨張を拘束すると，コンクリートに圧縮応力を導入することが出来る。ケミカルプレストレスといわれ，品質管理の容易な工場製品などで利用されている。

(6) コンクリートの配合

(a) 配合手順

図-4.10 は示方配合の計算フローを示している。

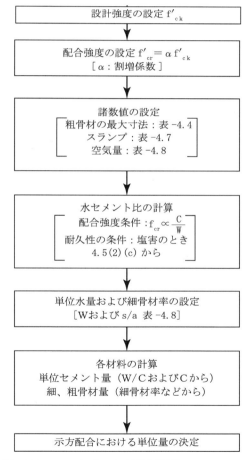

図-4.10　コンクリートの配合計算フロー

コンクリートの配合計算によって，所要性能に見合った各材料の使用割合を求める。目的とする主な性能は，フレッシュコンクリートではスランプおよび空気量であり，硬化コンクリートでは圧縮強度と耐久性能であり，出来るだけ単位水量が少なくなるように定める。基本は，所要のスランプを満足する単位水量を定め，所要の圧縮強度を満足するように水セメント比を定める。机上で材料の品質などを前提に配合を計算しこの段階の配合を"示方配合"といい，実際に使用する材料に合わせて修正された配合を"現場配合"といっている[注7]。

(b) 配合強度

構造物の設計で定めた設計基準強度 f'_{ck}（"圧縮強度の特性値"ともいう）をもとに配合強度 f'_{cr} を求める。同一条件で製造されたコンクリートであっても強度はばらつきを有しており，ばらつきを自然現象でよく観察される正規分布を仮定すると，f'_{ck} と f'_{cr} の関係は次式で表される。

$$f'_{cr} = \alpha\, f'_{ck}$$

ただし，

α：割り増し係数，$\alpha = \dfrac{1}{1 - \dfrac{\delta \times V}{100}}$,V: 変動係数,$V = \dfrac{\sigma}{f'_{cr}}$, σ：標準偏差

δ：f'_{cr} を下回る確率，この確率を 1/20 とすると $\delta = 1.645$

(c) 配合計算

① 粗骨材の最大寸法，スランプおよび空気量

粗骨材の最大寸法は，表 -4.4 を満足することが必要である。スランプは部

注7) 現場配合：示方配合では，細骨材材および粗骨材は 4.2（4）で定義された骨材と考え，さらに含水状態として表乾状態を想定している。しかし，実際の骨材は細骨材には定義された比率を上回る粗粒が，また，粗骨材には定義された比率を上回る細粒が混入している。また，骨材の含水状態は気乾状態あるいは湿潤状態にある。このような実際の骨材の状態に合わせて，計量する骨材の質量を修正する必要がある，この修正された配合を"現場配合"といっている。

4.2 使用材料と品質

表 -4.7 はり部材のコンクリートの最小スランプの目安 [4.5)]

（単位：cm）

鉄筋の最小水平あき	締固め作業高さ		
	0.5m 未満	0.5m 以上〜 1.5m 未満	1.5m 以上
	（小ばり等）	（標準的なはり部材）	（ディープビーム等）
150mm 以上	5	6	8
100mm 以上〜 150mm 未満	6	8	10
80mm 以上〜 100mm 未満	8	10	12
60mm 以上〜 80mm 未満	10	12	14
60mm 未満	12	14	16

材の種類（スラブ部材，柱部材，はり部材など），配置されている鉄筋の量や鉄筋間隔，打ち込んだコンクリートの締固めの容易さなどをもとに設定する。たとえば，はり部材の最小スランプの目安を表 -4.7 に示している [4.5)]。また，空気量の標準的な値は表 -4.8[4.5)] に示している。

② 水セメント比

水セメント比の逆数（セメント水比：C/W）と圧縮強度にはほぼ線形の関係があることから，事前に両者の関係を求めておくことによって所要の圧縮強度（配合強度 f'_{cr}）に対応するセメント水比（すなわち，水セメント比）を求めることが出来る。一般に 65％以下とする。

中性化，塩害，凍害などに対する耐久性を考慮して水セメント比を定める場合には，強度から定めた水セメント比が項目 4.5 に示す耐久性照査における要件を満足することを確認する必要がある。場合によっては水セメント比を変更して耐久性能を満足させる場合もある。いずれにせよ，水セメント比の決定に当たっては，強度および耐久性の双方を勘案しそのうち小さい値を用いることになる。

③ 単位水量および細骨材率

使用材料が同一で水以外の材料の配合割合が同一であるならば，コンクリートのスランプはほぼ一義的に単位水量によって定まる（“単位水量一定の法

則")。細骨材率[注8]が異なると必要な単位水量も相違する。表-4.8は多くの実験結果から得られている単位水量および細骨材率の概略値である[4.5]。

④　コンクリート材料の単位量の決定

それぞれの材料の単位量（コンクリート1m³当りの使用量）は②〜③のプロセスにより求めることが出来る。これを示したものが，図-4.11である[注9]。

トピックス　コンクリートの単位量と容積

コンクリートの示方配合（1m³のコンクリートを造るときの使用材料の質量など）が計算されたとして、そのときの質量と容積の割合はほぼ以下のようになる。

質量比では		容積比では
セメント	1.0	1.0
水　約	0.55	1.7
空気	0.0	0.6
細骨材	2.6	3.1
粗骨材	3.5	4.1

であり、容積では骨材の割合が全体のほぼ7割を占めていることがわかる。

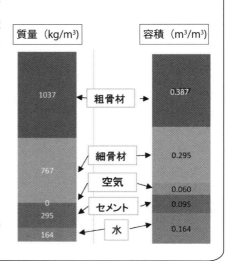

注8）細骨材率：コンクリート使用材料のうち　細骨材の容積/(細骨材の容積+粗骨材の容積)　であり，コンクリート中の骨材における細骨材の容積割合を表している．記号は"s/a"で表している。

注9）　記号：コンクリートの材料表示方法として，容積は小文字（たとえば，"S"ではなく"s"），質量は大文字（たとえば，"S"）で表す。

4.2 使用材料と品質

表-4.8 コンクリートの空気量，細骨材率および単位水量の概略値 [4.5]

粗骨材の最大寸法 (mm)	空気量 (%)	細骨材率 s/a (%)	単位水量 W (kg)
20	6.0	45	165
25	5.0	43	160
40	4.0	40	155

上表は以下の条件で求められた平均的な値である。すなわち，
 細 骨 材：粗粒率（F.M.）が 2.80 程度の細骨材
 粗 骨 材：砕石　　　　混和剤：AE 減水剤使用
 水セメント比：0.55 程度
 スランプ：8 cm 程度
条件が上記と相違するときは次表により補正する。

上表の条件との相違	s/a の補正(%)	W の補正
使用材料の細骨材の F.M. が大きい（小さい）。±0.1 ごとに	±0.5 だけ補正する	補正しない
目標としたスランプが大きい（小さい）。±1 cm ごとに	補正しない	±1.2% だけ補正する
目標とした空気量が大きい（小さい）。±1% ごとに	∓(0.5〜1) だけ補正する	∓3% だけ補正する
設定された水セメント比が大きい（小さい）。±0.05 ごとに	±1.0 だけ補正する	補正しない
細骨材率が大きい（小さい）。±1% ごとに	──	±1.5 kg だけ補正する
川砂利を用いる場合	(3〜5) だけ小さくする	9〜15 kg だけ小さくする

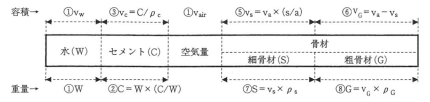

図-4.11 コンクリート中の容積と配合計算

(d)　配合の表し方

示方配合の表し方を表 -4.9 に示した [4.5)]。

表 -4.9 示方配合の表し方 [4.5)]

粗骨材の最大寸法 (mm)	スランプ (cm)	水セメント比[1)] w/c (%)	空気量 (%)	細骨材率 s/a (%)	単位量 （kg/m³）						
					水 W	セメント C	混和材[2)] F	細骨材 S	粗骨材 G ○mm ～○mm	○mm ～○mm	混和剤[3)] A

注：1)　ポゾラン反応や潜在水硬性を有する混和材を使用するとき，水セメント比は水結合材比となる。

2)　同種類の材料を複数種類用いる場合は，それぞれの欄を分けて表わす。

3)　混和剤の使用量は，mℓ/m³ または g/m³ で表わし，薄めたり溶かしたりしないものを示すものとする。

4.3　フレシュコンクリートの特性

(1)　コンクリートの施工性能

コンクリートは運搬，型枠への打込みや締固め，表面仕上げの各段階において，材料分離をほとんど生ぜず適度の軟らかさを有して作業が容易でなければならない。このような性状を有するコンクリートを " ワーカビリティー（workability）の良好なコンクリート " と呼んでいる。最近では，施工現場でのコンクリートの運搬はコンクリートポンプを用いることが多く，ポンプによる圧送時に圧送管内で閉塞や分離を生ずることもなく良好に流動する性能も求められ，このような性状を " ポンパビリティー（pumpability）の良好なコンクリート " といっている。フレッシュコンクリートは液体的・塑性的な性状から，型枠に打込み後は徐々にこわばりを生じて固体的な性状に変化する。こわばりが早すぎても打込みや締固めが困難となり，長く塑性的な性状が持続すると時間の経過による所定の強度増進が得られないおそれもある。このため，時

間の経過による水和によるこわばりが求められ，"適切な凝結時間"が必要となるのである。

トピックス　高流動コンクリート

　コンクリートを型枠に打込む際に型枠の隅々まで確実に充填できる方法として，流動性の極めて高いコンクリートが開発されている。通常のコンクリートの流動性を高めるためには単位水量とスランプが一次の関係にあることから単位水量を増すことで可能となるが，より高い流動性を得るためには単位水量を増しただけではコンクリート中の骨材（主に，粗骨材）が分離してしまうために，できるだけ流動性を高め材料分離を抑える工夫が必要となってくる。このため，流動性を高めるためには高性能 AE 減水剤を使用し，材料の分離を抑えるためには

　①　練混ぜ水の粘性を高める混和剤を添加する

　②　コンクリート中のモルタル分を増加させる

などの方法がある。①では混和剤として増粘剤を添加し水の粘度を高める（イメージとして水飴のような状態），②では微粒子の粉体（セメントを含めた粒子の細かい材料，加える材料として高炉スラグ微粉末，石灰岩微粉末など）を増してコンクリート中のモルタル分を増量させる，などがある。

　このようなコンクリートを用いることにより，施工時のコンクリート打込みにおいてコンクリートが自重で型枠中を流動することができるので振動機などを用いずに締固めを不要とすることができる。

（詳細は：町田敦彦編　土木材料学　オーム社　参照）

---

(2)　ワーカビリティー

　ワーカビリティーには，軟らかさの程度と分離に対する抵抗性の二つの内容が含まれている。軟らかさの程度は物体の変形や流動に対する抵抗性（コンシステンシー，consistency）で表現されることが多く，変形や流動が容易な場

合は"コンシステンシーが小さい"，と表現される。コンクリートのコンシステンシーはスランプ試験によって判定している。スランプ試験は図-4.12 に示すように，上・下が開放された円錐台の鋼製容器にコンクリートを充てんし容器を揚げてコンクリートの自重による下がり具合を測定するもので，たとえば"スランプ 12.5cm"と表現される。同一のスランプであっても，材料分離に対する抵抗性は同一とならない。試験に熟練すると，スランプ測定後にスランプ試験時の下板を叩きコンクリートの崩れ方をみることによって，分離抵抗性を判定することが可能である。

スランプを過大な値とすると軟らかなコンクリートが得られるが，一般に単位水量を増量する必要があり骨材の分離をひき起し，良好なコンクリートとならない。このために，表-4.7 に示すようなスランプの標準的な値が提示されている。一般にコンクリートのワーカビリティーは

- 単位セメント量が多いほど，コンクリートの粘性が増してワーカビリティーは向上するが，多すぎると水和熱の発生や乾燥収縮によるひび割れを助長する。
- 骨材の粒形は球に近いほど分離が少なく，粒度は細骨材から粗骨材へ適当な連続粒度を有し，骨材の最大寸法は小さいほうがワーカビリティーは

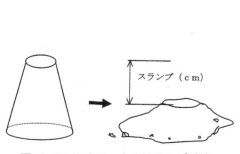

図-4.12 コンクリートのスランプ試験

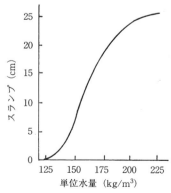

図-4.13 単位水量とスランプの関係

向上する。
- コンシステンシーは使用材料が同一の場合に図-4.13に示すように、通常のスランプの範囲では、ほぼ単位水量と線形の関係を有している。
- 細骨材率が大きいと、コンクリートの粘性が増加してコンシステンシーが増してワーカビリティーが低下する。一方、細骨材率が小さいとコンクリートが荒々しくなり骨材が分離しやすくなる。

(3) ポンパビリティー

ポンプにより圧送を行う場合、輸送管内壁の抵抗や屈曲部での抵抗などにより、管内でコンクリートが閉塞したり圧送前後で品質が大きく変動しないことが必要である。ポンパビリティーは一般に水平管1m当りの管内圧力損失を目安として、圧力損失が大きい場合はポンプによる圧送距離を短くすることとしている。すなわち、コンクリートの品質を大きく損なわない圧送距離としては

$$圧送距離（水平換算）距離 = \frac{（コンクリートポンプの最大吐出圧力 \times 0.8）}{水平管1m当りの管内圧力損失}$$

(4) 凝結特性

型枠に打込まれたコンクリートは時間の経過とともに粘性が増して固まっていく。固まりの早さを示す指標として"凝結の始発"や"凝結の終結"と定義し、打ち重ねの許容時間（コンクリートを打込んで次のコンクリートを打込む限界の時間）、こて仕上げ時期などの目安としている。

固まり具合は装置（プロクター貫入試験装置）に取り付けた針のコンクリート中への挿入に必要な圧力から求めており、図-4.14に示すように貫入抵抗が3.5N/㎟のときを"凝結の始発時間"、28.0N/㎟のときを"凝結の終結時間"と定義している。コールドジョ

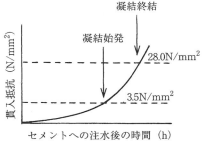

図-4.14 コンクリートの凝結特性

イント[注10]の発生を防止するためには，再振動締固めが可能な凝結の始発時間以内にコンクリートを打ち重ねることが必要といわれている。

(5) セメントの水和と硬化

セメントは水と接触するとクリンカーを構成していた鉱物が水と反応し，自然界では非可逆の化合物を生成する。反応生成物を図-4.15に示す。C_2S や C_3S は C-S-H 系水和物[注11]（"カルシウムシリケート水和物"という）と $Ca(OH)_2$ を生成する。C_3A が水和すると急速に反応が進行しコンクリートにこわばりを生じて，打込み作業が不可能となる。このためセメントに石膏が加えられており，C_3A と石膏の反応により C_3A の周囲にエトリンガイトが生成され，C_3A の水和を防止している。石膏が消費されると C_3A とエトリンガイトの反応

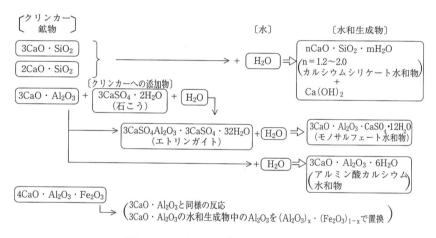

図-4.15 セメントの水和による生成物

注10) コールドジョイント：コンクリートを層状に打ち込むときに、すでに打設されたコンクリートに対しては次に打設されるコンクリートに時間があくと新旧コンクリートが一体化せず不連続線として残り不良個所となる。

注11) 記号は C：CaO，S：SiO_2，H：H_2O の略

4.3 フレッシュコンクリートの特性

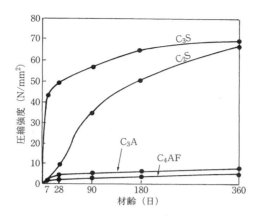

図-4.16 鉱物の水和の進行速度

でモノサルフェート水和物に変化し，最終的な生成物としてはアルミン酸カルシウム水和物となる。それぞれの構成鉱物の水和の進行速度を図-4.16に示しているが，初期の強度は主に C_3S の水和に依存し，C_2S は極めてゆっくりと反応が進行する。

セメントの比表面積は 3,000cm²/g 程度であるが，水和によって生成される C-S-H 系化合物ではその値は 200m²/g 程度となりきわめて微細な結晶 (0.1μ

図-4.17 水和反応によるセメント硬化体の収縮 文献4.11)より作図

	クリンカー鉱物および水		→	水和生成物	
	2 C_3S	6 H_2O		C-S-H 系水和物*	3 $Ca(OH)_2$
重さ	456	108		342	222
密度	3.15	1		2.71	2.24
絶対容量	145	108		126	99
	253				225	
収縮率	(253−225)/253 = 0.11				

* 上表では C-S-H 系水和物として $C_3S_2H_3$（トバモライト）と仮定して計算した。

m 以下) であって，単位面積当りの粒子同士の接触面積が大きくなって，粒子相互の分子間引力などによって高い結合力を発揮してセメント硬化体の強度を発現させる。セメントは表面から徐々に水と化学反応し，徐々に生成物が生成する．セメントの水和は収縮反応であり，たとえば，C-S-H 系水和物をトバモライトの結晶として計算すると，図 -4.17 に示すようにほぼ 10％の体積減少となる [4.11]。

(6) 施工段階のひび割れ

図 -4.18 はひび割れの種類と発生時期を示したものである [4.12]。フレッシュコンクリートが硬化に至り比較的早い時期までにひび割れを発生させる原因としては，(a) 収縮によるもの，(b) セメントの水和による温度変化によるもの，(c) 打込み後のコンクリートの材料分離によるもの，などがある。

(a) 収縮によるもの

収縮の主なものは，①プラスティック収縮，②乾燥収縮などである。

打込まれたフレッシュコンクリートの表面が直射日光にさらされあるいは風

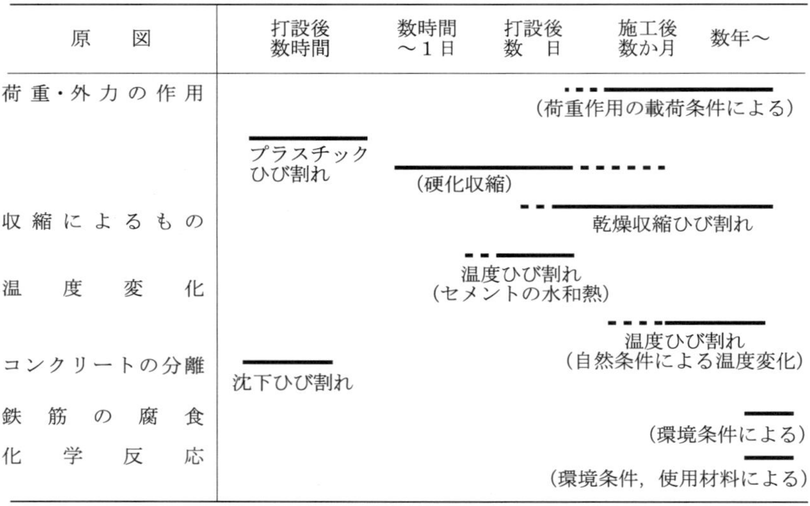

原　　図	打設後 数時間	数時間 ～1日	打設後 数　日	施工後 数か月	数年～
荷 重・外 力 の 作 用				（荷重作用の載荷条件による）	
収 縮 に よ る も の	プラスティック ひび割れ	（硬化収縮）			
				乾燥収縮ひび割れ	
温 度 変 化		温度ひび割れ （セメントの水和熱）			
				温度ひび割れ （自然条件による温度変化）	
コンクリートの分離	沈下ひび割れ				
鉄 筋 の 腐 食				（環境条件による）	
化 学 反 応				（環境条件，使用材料による）	

図 -4.18　ひび割れの種類と発生時期 [4.12]

4.3 フレッシュコンクリートの特性　　　　93

にさらされ水分が蒸発する。コンクリートはブリーディング（（6）(c) 参照）によって表面が当初は浮き水によって覆われることが多いが，蒸発水量がブリーディング水量を上回ると，通常はコンクリート表面部分に不規則な細かいひび割れが発生する。これを"プラスティック収縮ひび割れ"と呼んでおり，表面からの急激な乾燥を抑えれば防止することができる。ブリーディング量は 0.7~1.5kg/㎡/hr. 程度であり，蒸発量が 0.7kg/㎡/hr. 程度以下の条件であればひび割れの可能性は低いと言われている [4.13]。

　硬化したコンクリートには水分が残留しているが，水分が大気中に蒸発するとコンクリートは収縮する。収縮によるひび割れは，コンクリート体が拘束され引張りひずみ能力に達すると発生する。引張ひずみ能力を ε_t，自由乾燥収縮ひずみを ε_f，クリープひずみを ε_{cr} とすると，

$$\varepsilon_t = \varepsilon_f - \varepsilon_{cr}$$

の時点でひび割れを生ずることとなる。たとえば，$\varepsilon_t = 1~2 \times 10^{-4}$，$\varepsilon_{cr} = 2~4 \times 10^{-4}$ とすると，ε_f は $3~6 \times 10^{-4}$ 程度となる。

(b) 温度変化によるもの

　コンクリートの硬化はセメントの水和反応によるが，水和反応は発熱反応である。注水後は図-4.19 に示すようにコンクリートの温度は上昇するが，材齢 1~2 日以降は放熱が発熱を上回り温度は降下する。冷却時の収縮に対して構造体が拘束され，発生する引張応力度が引張強度に達するとひび割れが生ずることとなる。図-4.20 は暗渠壁体に生じた温度ひび割れを示している。このような構造体のひび割れ発生の予測は，次のようにして求めることができる。中央断面の引張応力度 σ_t を次式で求め，引張強度 f_t と比較すればよい。

$$\sigma_t = K_R \Delta_c E_c$$

　ただし、K_R：拘束係数

　　　　　Δ_c：自由収縮ひずみ、$\Delta_c = \Delta T \times \alpha$

　　　　　ΔT：構造体の最高温度と安定温度の差、$\alpha =$ コンクリートの線膨張係数（1×10^{-5}）

　　　　　E_c：Δ_c が生ずるときのコンクリートのヤング係数

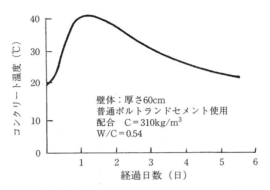

図-4.19　打設後の構造体の温度変化

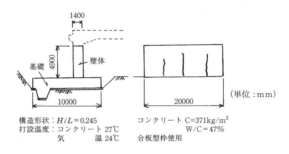

図-4.20　暗渠壁体に生じた温度ひび割れ

　拘束係数 K_R は構造体を拘束するもの(図-4.20では基礎)の種類(岩盤，既設構造体など)，打継目の長さと構造体の高さの比(図-4.20では20/4.9)などによって定まるが，一般に 0.6 ～ 0.7 程度の値が使われている。

(c)　材料分離によるもの

　コンクリートは，相(気体，液体，固体)，密度，さらに固体では粒度や粒形などの相違する材料を混ぜ合わせたものであり，運搬，打込み，締固めなどの各段階で分離しやすい。モルタル分が少ない，粗骨材の粒形が扁平や角張っている，細骨材率が小さいなどの場合には粗骨材が分離することがあり，単位

4.3 フレッシュコンクリートの特性

水量が多すぎるとモルタルが粗骨材を包み込み能力が低下し粗骨材や水の分離を引き起こす。コンクリートを型枠に打ち込んだ後も，液体で流動性が高く密度の小さな水が分離してコンクリート中で上昇する現象が生ずる。この現象を"ブリーディング"といい，分離した練混ぜ水の一部を"ブリーディング水"

トピックス　　水中コンクリートとは？

　水中にコンクリート構造体を構築するときコンクリートにはどのような配慮が必要だろうか。コンクリートは個体（セメント，骨材），液体（練混ぜ水）などから構成されているが，通常のコンクリートを水中に打込むと左図の左のように水中で材料が分離しながら落下していき構造体を造ることはできない。ところがコンクリートにある混和剤を添加することにより，左図の右のように材料分離がほとんど生ぜずにコンクリートが水中落下し強度を有する構造体を構築することができる。このとき添加する混和剤は"水中不分離性混和剤"と言われるもので，セルロースを原料として作られる水溶性高分子化合物である。この混和剤を添加することにより，練混ぜ水の粘性を高め骨材の分離を防止することができる。右図は実際の水中での潜水夫による水中打設の様子であり，ホース筒先の近辺には小魚の遊泳する姿も見られる。

水中落下の室内試験

現場での水中コンクリートの打設状況
（水中不分離性混和剤普及会HPより）

と呼んでいる。ブリーディング水はコンクリート中を上昇時に微分のセメント分や細骨材の一部を巻き込み，打設面の上面に滞留する。滞留物は次の日には水分が蒸発し白い脆弱な薄い膜を形成する。これを"レイタンス"といっている。

コンクリートにブリーディングが生ずると実体積が減少するが，打上り面の沈下が鉄筋や型枠などにより拘束されると，図-4.21 に示すように拘束の大きい箇所でひび割れを生ずる。沈下ひび割れはコンクリートが硬化しない早い時点でこて均しを行えば修復される。

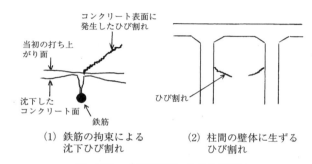

図-4.21　材料分離によるひび割れ

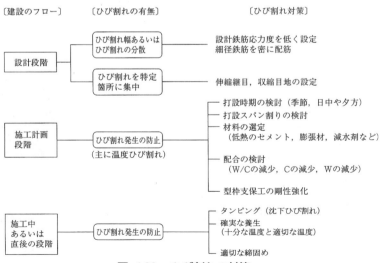

図-4.22　ひび割れの対策

4.4 硬化コンクリートの特性

(d) ひび割れに対する対策

ひび割れに対する制御としては，①ひび割れの発生そのものを防止する，②発生するひび割れを許容値以下に抑える（たとえば，曲げひび割れ），③ひび割れを特定箇所に集中させる，などがある。これらは，ひび割れや構造物の種類などによって取り扱いが相違する。図-4.22 はひび割れの対策をまとめたものである。

4.4 硬化コンクリートの特性

(1) コンクリートの性能と構造体性能

構造物の性能を保持するためには構成材料であるコンクリートが所要の性能を満足することは必要条件である。コンクリートの所要性能としては，a) 強度性能，b) 強度以外の物理的性能，c) 耐久性能，などが挙げられる。

(a) 強度性能

構造部材（構造物を構成する要素）においてコンクリートの強度として要求される主な性能は，図-4.23 に示すように

- 圧縮強度 f'_c：使用限界（通常供用している状態）において圧縮強度に比して大きな曲げ圧縮応力度 σ'_c が発生しないこと。一般に許容応力度 σ'_{ca} は $f'_c/(2.6 \sim 2.9)$ 程度。

  コンクリートが所定の終局限界（構造部材が破壊する状態）に耐えるような十分な強度を有していること。

- 曲げひび割れ強度 f_{bc}：PC（prestressed concrete: プレストレストコンクリート部材）において曲げ材の引張縁でのひび割れ発生荷重の計算に適用。また，コンクリート舗装でひび割れ発生が限界耐力であるときの終局計算に使用。

- 支圧強度 f'_a：けた支承部や支柱での耐荷荷重の計算

- 付着強度 f_{bo}：鉄筋をコンクリートに定着するときの定着長さ，鉄筋同士を継ぐときの重ね継手長さの計算に適用。

トピックス　日本最初の鉄筋コンクリート(琵琶湖疎水)

京都への水の供給を円滑にし琵琶湖との物資輸送を確保するために，明治政府は琵琶湖から京都への水路建設を行った。第一疎水（全長約20km，1885.6-1894.9）および第二疎水（全長約7.4km，1908.10-1912.3）であり，このうち第一疎水に架けられたRC橋（1903年7月完成）が我が国最初のRC構造物である。鉄筋およびセメントは輸入品を使用しており，長さ7.3m，幅1.5m，コンクリート厚約30cmであり，現在も橋表面の状態にほとんど損傷は見当たらない。当初，欄干がなかったが現在では左右に転落防止用の柵を設置している。

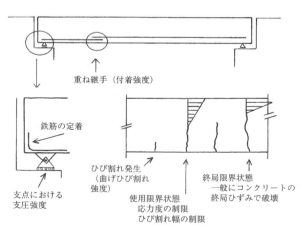

図-4.23　コンクリートの強度性能と構造部材

4.4 硬化コンクリートの特性

(b) 強度以外の物理的性能

図-4.24 に示すようにコンクリートの弾塑性的性質（ヤング係数，応力～ひ

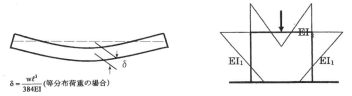

a) たわみの計算　　　　　　　b) 不静定部材における断面力の計算
(1) コンクリートのヤング係数からの変形や不静定部材の断面力の算定

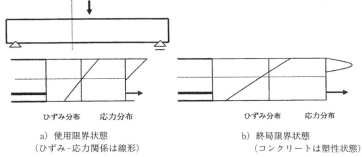

　　　　a) 使用限界状態　　　　　　　　　b) 終局限界状態
　　（ひずみ-応力関係は線形）　　　　（コンクリートは塑性状態）
(2) コンクリートの応力とひずみの関係からのRC部材の応力の算定

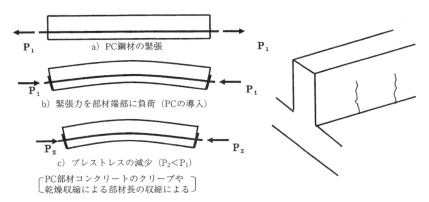

(3) PC部材におけるコンクリートの収縮による　　(4) セメントの水和熱によるひび割れ
　　ストレスの減少

図-4.24　コンクリートの材料特性と構造特性

100 第4章 構造材としてのコンクリートの利用

ずみ関係)，クリープや収縮特性，温度特性などを把握しておく必要がある。

- ・ヤング係数：構造部材の変形，不静定構造物の断面力計算などでは部材の曲げ剛性 (EI) の数値が必要であり，弾性的挙動の範囲におけるヤング係数 (E) が与えられなければならない。
- ・応力～ひずみ関係：構造部材で測定可能なデータはひずみであり，断面に作用する力を算定するための応力は応力～ひずみの関係から間接的に求める必要がある。
- ・クリープなどの収縮特性：コンクリートは時間とともに変形する。この原因には，コンクリートのクリープ，乾燥収縮などがある。PC 部材では，コンクリートの収縮によってプレストレス力が減少するために，あらかじめ時間による収縮量を予測することが大切である。
- ・温度特性：コンクリートは打込み後はセメントの水和反応によって，内部温度が上昇し表面から水和熱が放散するとコンクリート温度は下降に転ずる。また，十分に硬化した後は外気温の変化に追随してコンクリートの温度も変化する。特に，前者による水和熱によってひび割れを生じやすい。

(c) 耐久性能

既設構造物は周囲を取り巻く自然環境に暴露され様々な劣化作用を受け，また，コンクリートそのものも自然界のなかでまったく安定とはいえない。これらは，塩害，中性化，凍害，化学的侵食，アルカリ骨材反応などであり，所要年数の間に確実にこれらの劣化作用に対して構造物としての性能を保持することが必要である。なお，詳細は 4.5 参照。

(2) コンクリートの強度

(a) 圧縮強度の特性

(ア) 試験方法

製造されたコンクリートの強度としては，圧縮強度が重要視されている。これは，①構造体において圧縮強度を活用することを前提としている，

4.4 硬化コンクリートの特性　　101

②試験法が他の強度を求めるときよりも容易である，③圧縮強度と他の強度との関係は多くのデータがあり圧縮強度から他の強度を推定することが可能である，などによる。圧縮強度を求める供試体の寸法は，通常 ϕ 100 × 200mm あるいは ϕ 150 × 300mm の円柱体が使用される。各種要因の影響を避けるために，型枠にコンクリートを打込み後材齢 1 日で脱型し水中養生（20℃）に移し，強度試験の当日（普通ポルトランドセメント使用のときは，通常材齢 28 日）に養生を終了し気中で荷重載荷（載荷速度 毎秒 0.6~0.4N/㎟）を行う。

(イ) **圧縮強度と諸要因**

コンクリートの強度は各種要因によって相違する。これらは，①材齢，②使用材料，③配合，④環境条件，⑤試験方法（前述），などである。

① 材齢：コンクリートの強度増進はセメントの水和反応の進展によるものであり，養生条件が良好な場合には材齢とともに強度は増加する。図-4.25 に示すように材齢 7~14 日程度までは強度の増加は顕著であり，水分の供給が十分であると数年にわたって強度は漸増する。

② 使用材料：セメントの種類によってコンクリートの強度発現傾向は相違し，ほぼ早強ポルトランドセメント材齢 7 日≈普通ポルトランドセメント 28 日≈中庸熱ポルトランドセメント 91 日である。通常のコンクリートの強度はモルタルと粗骨材の界面応力が両者の間の界面強度に達することが引き金となるが，粗骨材の強度が弱いと（たとえば，火山礫や人工軽量骨材）などでは，骨材の強度でコンクリートの強度が決まり強度が頭打ちとなる。粗骨材の最大寸法を大きくすると所定のスランプを確保するための水量が少なくてすみ結果的に単位セメント量を低減できる，しかし，図-4.26[4.14)] に示すように水セメント比が低いコンクリートでは粗骨材を包み込むモルタル量が不足するために，粗骨材の最大寸法の増加とともに強度が低下する。

③ 配合：コンクリート材料の配合で強度に多くの影響のある因子は，水セメント比（W/C）と空気量である。コンクリートの強度は主にセメント

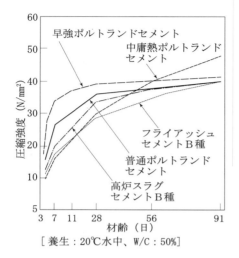

[養生：20℃水中，W/C：50%]

図-4.25　材齢と圧縮強度

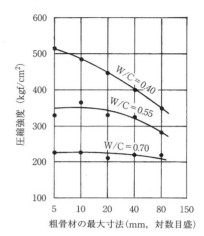

図-4.26　粗骨材の最大寸法が圧縮強度に及ぼす影響 [4.14]

ペーストの品質によって定まり，これはW/Cにより相違する（詳細は本節参照）。ワーカビリティーや耐凍害性の向上のために意図的にコンクリートに空気が混入されるが，空気の混入はコンクリートへの微細欠陥を増加させることともなるので，W/Cが一定のときに空気量1％の増加は強度4～6％の減少に相当する。通常，空気の混入による利点と欠点を総合的に判断して，コンクリート中の空気量は4～6％となるように混和剤量を設定している。

④　環境条件：打込まれたコンクリートの周囲温度や湿度，接する水（たとえば，海水）などによって，強度も相違する。高い養生温度では比較的早い材齢での強度増加が顕著であるが，長期的には低い養生温度がこれを上回る。また，早期に乾燥状態に置かれると，水和に必要な水分が不足し強度の伸びは小さくなる。このため，特に材齢の早い時期には十分な水が必要である。

(ウ)　**圧縮強度の推定**

コンクリートの圧縮強度を予測するための方法としては，①セメント水比

による方法，②積算温度による方法，などがある。

① セメント水比：使用材料，空気量が同一のとき，コンクリートの強度はほぼセメントペーストのセメントと水の重量比によって定まるとするもので，次式で表される。

トピックス　　　既設構造物の強度推定

　コンクリート構造物を構築するとき，製造されるコンクリートの強度は供試体（通常はφ100×200 mmないしφ150×300 mmの円柱体）を製作して試験室で強度試験を実施するすることにより求めることができる。しかし，製造されたコンクリートを型枠に打込むと，打込み後のブリーディングなどによる分離現象，養生される温度条件の相違などによって供試体の強度と構造体の強度は一致するものではない。構築された構造体そのものの強度を求めるためには主に次の方法が考えられている。

⑴　コアによる強度試験：構造体からコアドリルを用いてコンクリートコアを抜き取り，強度試験を実施する。比較的正確に強度を求めることができるが，抜き取り時に鉄筋を切断する心配があり，構造体に損傷を与えることもあるので，採取時には細心の注意が必要である。

⑵　衝撃による方法：コンクリート表面に小さな鋼球により打撃を与えてその反発の程度からコンクリートの強度を推定するもので，構造体に与える損傷はほとんどない非破壊試験による方法である。コンクリートの弾性限界の範囲での推定であるため，あらかじめ反発力とコンクリート強度の関係式を得ておく必要がある。通常は"シュミットハンマー"と呼ばれる計測器が使用されている。

⑶　超音波による方法：コンクリート構造体に発振子から超音波を発信し，そこからある距離をおいた受信子により超音波を受信することにより，ある距離を伝播する超音波の伝達速度を求める。通常，剛性の高い物体は伝達速度が速い。非破壊試験であり，コンクリートの弾性限界の範囲での推定であり，あらかじめコンクリートの強度と伝達速度の関係を求めておく必要がある。

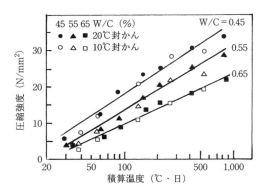

図-4.27 積算温度と強度の関係 [4.15)]

$f_c' = A + B(C/W)$

ただし、f_c'：コンクリートの圧縮強度、
AおよびB：実験により定まる常数

② 積算温度：コンクリートがおかれた養生期間と養生温度の総和（"積算温度"，マチュリティーともいう）によって早い時期の強度を推定する。図-4.27[4.15)]に示すように積算温度の対数と強度が直線関係にあることを利用するもので，寒中コンクリートの型枠の脱型時期などを決めるためなどに適用されている。

$M = \sum (\theta + 10) \times \Delta_t$

ただし、M：積算温度（℃×日、または℃×時間）
θ：Δ_t時間でのコンクリート温度（℃）
Δ_t：養生期間（日、または時間）

(b) 各種強度の特性

① 引張強度

図-4.28に示すように円柱供試体を水平に置いて上下より荷重を加えて，荷重との接点を結ぶ鉛直方向に破壊が生ずることを利用した方法で，次式により引張強度を求める。

$f_t = 2P/\pi D \ell$

4.4 硬化コンクリートの特性

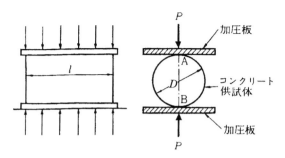

図-4.28 引張強度試験

ただし、P：最大荷重、Dおよびℓ：供試体の直径および長さ
圧縮強度 f'_c との関係は次式で表され，圧縮強度の 1/10~1/13 程度である。

$$f_t = 0.23 \times f'^{2/3}_c$$

コンクリート舗装では設計強度は $2.8N/mm^2$ 以上を考慮している。

② 曲げひび割れ強度

曲げひび割れ強度 f_b は次式によって求める[4.16)]。

$$f_b = k_0 \times k_1 \times f_t$$

ただし、k_0：コンクリートの引張軟化特性に起因する引張強度と曲げ
強度の関係を表す係数

$$k_0 = 1 + \frac{1}{0.85 + 4.5\ (h/\ell_{ch})}$$

h: 部材の高さ（m）（h > 0.2）、ℓ_{ch}：特性長さ（m）

$\ell_{ch} = G_F \times E_C/f_t^2$

G_F：破壊エネルギー、$G_F = 10 \times (d_{max})^{1/3} \times f'^{1/3}_c$ （N / m）

d_{max}：粗骨材最大寸法

E_c：コンクリートのヤング係数

k_1：乾燥、水和熱など、その他の原因によるひび割れ強度の低下
を表す係数 ($k_1 = 1$)

なお，ここに示した曲げひび割れ強度は主にプレストレストコンクリー

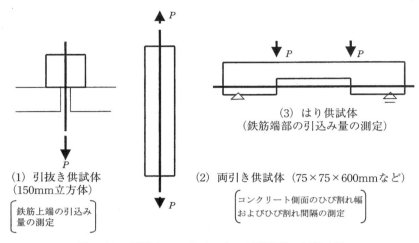

図-4.29　鉄筋とコンクリートの付着性能の試験方法

トのひび割れ発生荷重などの計算に使用される。コンクリート舗装では無筋コンクリートのはり（15x15x53cm）に三等分点裁荷で荷重を加え，そのときのはりの破壊荷重から曲げ強度を求めている。設計強度は 4.4N/mm^2 以上としている。

③　付着強度

　鉄筋とコンクリートの付着強度を求めるためには，図-4.29 に示すような試験法がある。

　はり試験は，鉄筋とコンクリート間に生ずる付着強度を求めるために図-4.29(3) に示すはり供試体においてはり純曲げ区間の付着を絶ったもので，せん断区間での鉄筋のすべりをはり端部で測定するものである。部材引張部でのひび割れ分散性を求めるためには，図-4.29(2) に示す両引き供試体により両端部から引張力を与える方法が適している。これらの試験は簡単ではないので，通常簡易に付着性能を求めるために図-4.29(1) に示す引抜き供試体を用いて，鉄筋を引抜くことにより生ずる反対側での鉄筋の引込み量から求めた値を付着強度の推定に用いている。付着強

4.4 硬化コンクリートの特性　107

トピックス　　コンクリートは電気絶縁体？

　コンクリートは無機質な材料から構成されており，金属と違って電気を通すことができるのだろうか。コンクリートが乾燥していれば電気絶縁体に近いが，湿った状態ではどうであろうか。例えば，比抵抗について次のような概数値がある。

材料の種類及び状態			比抵抗（Ωcm）
水	純水		20,000,000
	雨水		20,000
	水道水		7,000
	海水		30
コンクリート（W/C=40%程度）	水分飽和度	20%	20,000
		50%	10,000
		100%	7,000

　水の種類によって比抵抗が異なるように，コンクリートも内部の空隙に含まれる水分量によって比抵抗は相違している。水分飽和度が50%程度では雨水よりも比抵抗は小さく，空隙が水分で満たされた状態では水道水に近い比抵抗に低下する。すなわち，電気をよく通す状態となる。コンクリート中の電気の主な通電経路はセメント水和物や骨材ではなくてコンクリート中に存在する水分によるのである。

度は圧縮強度との関係で次式で求めることが出来る。

$$f_b = 0.28 \times f_c'^{\,2/3}$$

(3)　コンクリートの物理的性質

(a)　コンクリートの空隙構造

　フレッシュコンクリートは空気量として一般に4~6%程度の空隙を有している。コンクリート打込み後のブリーディングや沈下，モルタル相の収縮などに

よって，モルタルと粗骨材界面やモルタル相には空隙が存在する。さらに，水和生成物にはゲル空隙や毛細管空隙がある。これらの空隙の一例を図-4.30に示しているが[4.17]，コンクリートで積算空隙量[注12]は15~20%に達している。空隙や内部ひび割れと寸法の関係を示したものが図-4.31であり[4.18]，コンクリートは巨視的には密な物質であるが微視的には極めて欠陥の多い材料である。図-4.32は積算細孔容積(細孔半径3.8nm~56μm，すなわち毛細管空隙に近い空隙)と圧縮強度の関係を示したものであり[4.15]，細孔(すなわち，内部空隙)の増加とともに強度が低下する傾向を良く示している。このような空隙は強度以外のコンクリートの性質にも影響し，気体(水蒸気，炭酸ガス，酸素)

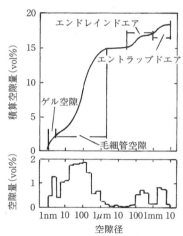

コンクリート：W/C=0.5，C=300kg/m³，20℃，材齢7日

図-4.30　コンクリートの空隙径分布と空隙量 [4.17]

注12)　積算空隙量：コンクリートを練り混ぜた時点でのコンクリートの空隙（空気量）はほぼ4〜5％であるが，硬化したコンクリートでは水和が進行するなどにより水分は徐々に消失し，生成された水和物内の空隙も加わり，コンクリート中の空隙は15〜20％に達する。

4.4 硬化コンクリートの特性

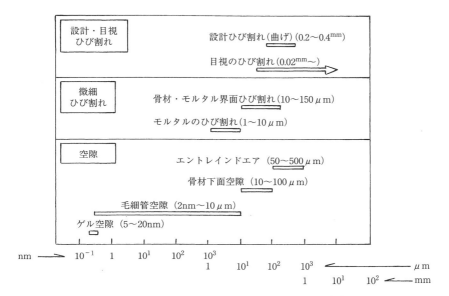

図-4.31　コンクリート中の空隙やひび割れ[4.18)]

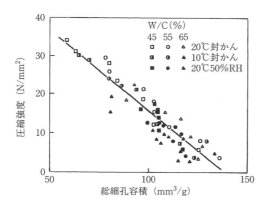

図-4.32　細孔容積と圧縮強度の関係[4.15)]

や液体(水)の浸透と密接に関係し，空隙の増加とともに，透水性や透気性，電気伝導性などの増加をもたらしコンクリートの塩害，中性化，凍害などによる耐久性の低下にもつながるものである。

(b) コンクリートの塑性的性質

コンクリート供試体(円柱)の圧縮試験を行ったときの，最大応力度にいたる応力〜ひずみの関係を図-4.33に示す。(a)で述べたようにコンクリートは微視的にみると各種空隙やひび割れが存在し，鋼のような結晶構造で構成されていない。このため，低い応力状態から塑性的挙動を生ずる。図に示されるように，圧縮強度のほぼ30%程度までは比較的応力とひずみの関係は直線的であるが，この応力近辺から粗骨材とモルタルの界面で付着ひび割れが生じ，50%程度となると付着ひび割れはモルタル部に進展する。さらに応力を増加させると，圧縮強度の80~90%近辺でモルタル部でのひび割れが連続するようになり，ひび割れ幅は急激に増大し供試体の体積ひずみは増加に転ずる。荷重を開放すると内部に生じたひび割れが残存し，ひずみはゼロとならず残留ひずみが生ずることとなる。

(c) コンクリートの応力〜ひずみ曲線

図-4.34はコンクリート構成物の応力〜ひずみの関係を表わしている[4.19]。

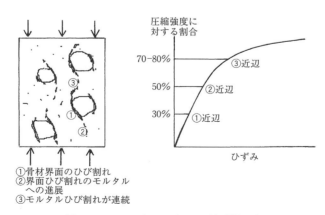

図-4.33 コンクリートの圧縮破壊過程

4.4 硬化コンクリートの特性

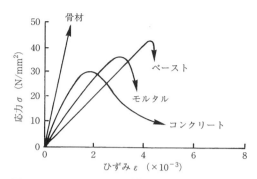

図-4.34 コンクリート構成物の応力～ひずみ曲線 [4.19]

骨材の初期勾配が大きいためにコンクリートの軸剛性[注13]はペーストやモルタルに比較して大きな値となる。コンクリートの応力～ひずみの関係は，コンクリート強度，粗骨材の種類(軽量骨材と普通骨材)やコンクリート中の単位量，供試体形状や寸法，載荷速度，繰返し応力の影響などによって相違する。載荷速度が極めて遅い場合にはクリープ変形が累加されて応力～ひずみは緩やかな曲線となり，強度も減少する。コンクリートが最大応力に達したときのひずみや下降域に入り破壊するときの最大ひずみは，コンクリート部材の終局耐力を求めるときや部材じん性を予測するときに大切な値であり，応力がピークの時点でのひずみは 0.0015~0.002 程度であり，終局時のひずみはほぼ 0.006~0.01 である。設計では安全性を考慮して，図-4.35 に示す放物線と直線の組み合わせの応力～ひずみ曲線を用いることとしている[4.16]。ここで，f'_{ck} はコンクリート圧縮強度の特性値（設計基準強度），f'_{cd} は設計圧縮強度で，

$$f'_{cd} = f'_{ck} / \gamma_{mc}$$

γ_{mc} はコンクリートの安全係数で一般に 1.3 程度の値が用いられる。

注13) 軸剛性：材料に軸力を加えたときの軸方向の変形との関係を表すもので，軸剛性が大きいと変形は小さいものとなる。たとえば，類似の用語として"曲げ剛性"では曲げ剛性が大きい材料は曲げ変形量が小さい。

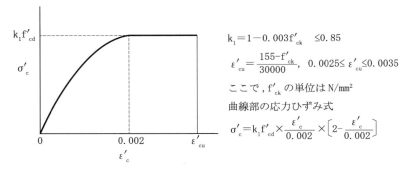

図-4.35　コンクリートの応力～ひずみ曲線 [4.16)]

表-4.10　設計で用いるコンクリートのヤング係数 [4.16)]

f'_{ck} (N/mm^2)	18	24	30	40	50	60	70	80
E_c (kN/mm^2)	22	25	28	31	33	35	37	38

コンクリートは低い応力レベルから非線形性を示すが，圧縮強度の 1/3 程度までは比較的に弾性的な応力～ひずみ関係を有しているために，コンクリートのヤング係数としては通常圧縮強度の 1/3 の応力度と原点を結んだ直線を用いた割線弾性係数を用いている。コンクリートのヤング係数は圧縮強度の平方根にほぼ比例し，コンクリートの密度が大きいほどに大きな値となるが，設計では表-4.10 の値を使用している [4.16)]。

(d)　コンクリートのクリープ

コンクリートに荷重を持続的に載荷すると，直後は弾性ひずみ ε_e を生ずるが図-4.36 に示すようにひずみは時間とともに増加する。この現象を"クリープ"といっている。荷重を開放するとひずみは零とはならず非回復性クリープひずみ(永久変形)が残留する。すなわち，クリープひずみには回復性成分と非回復性成分がある。クリープひずみは次の場合に大きくなる。①荷重作用時にコンクリートの材齢が若い，②作用する応力が大きい，③コンクリート中でのセメントペースト量が多い（コンクリートが富配合では，骨材量が少ない），

4.4 硬化コンクリートの特性

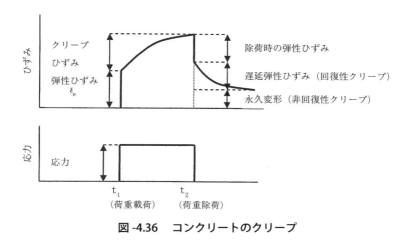

図-4.36　コンクリートのクリープ

④水セメント比が大きい，⑤湿度が低い，⑥温度が高い，などである。クリープ機構に関しては，次に記すように粘弾性説，滲出説などがあり，複合した種々の要因の重ね合わせにより生ずる。

粘弾性説：セメントペーストをC-S-H系結晶（弾性的性質を有する）と結晶を満たしている液体（粘性的挙動を示す）との複合体と考える。荷重が作用した直後にはC-S-H系結晶によって弾性挙動を示すが，粘性体の液体への応力の伝播によって時間とともにひずみは徐々に増加する。荷重を開放すると，C-S-H系結晶は弾性回復を生じさらに間隙の液体のひずみは徐々には回復(回復性クリープ)する。

滲出説：荷重が作用すると，C-S-H系結晶粒子間の間隙水がゆっくりと排水されてひずみが増加するとともに，結晶の間隙が接近し部分的な結合も生じてC-S-H系結晶の安定度も増す。荷重が開放されると，C-S-H系結晶は元の状態には戻らずひずみが残留する(非回復クリープ)。

構造体においてクリープが影響するのは，比較的応力が大きくない状態(使用限界状態あるいはそれ以下)であり，作用応力が圧縮強度の1/3程度以下の場合には，クリープひずみは弾性ひずみに比例すると考えている。すなわち，

$$\varepsilon_c = \phi \varepsilon_e$$

$$= \phi\sigma_c{}' / E_c$$

ただし、ε_c：クリープひずみ、ε_e：弾性ひずみ、ϕ：クリープ係数

　コンクリートにクリープが生ずることにより，①乾燥収縮や温度応力による内部応力を緩和しひび割れの発生を抑制する，などの利点があるが，一方では②PC 部材ではプレストレスを減少させる，③長期における変形を増大させる，などの現象も生ずる。プレストレストコンクリート部材において設計ではプレストレスの載荷材齢や環境条件（屋外や屋内の相違）に応じてクリープ係数として 1.1 〜 2.7 の値を用いている。

(e) コンクリートの体積変化

　コンクリートは硬化過程，硬化後において体積変化を生ずる。これらはセメントの水和反応やセメントペーストの体積変化によるものであって，①セメントと水の水和反応における水和収縮，②富配合コンクリートにおける自己収縮，③水和反応熱や外部からの熱の供給による温度変化によるもの，④コンクリート中の水分の逸散による乾燥収縮，⑤荷重・外力作用による応力の発生によるもの，⑥クリープによるもの（前述），⑦セメント硬化体の化学反応によるもの（炭酸化，アルカリ骨材反応，硫酸塩との反応など）などがある。ここでは，②〜④について述べる。

　②の自己収縮は従来は乾燥収縮に比較して小さい（乾燥収縮の 1/10 程度）として無視されてきた。しかし，富配合のコンクリートなどでは，内部コンクリートの水分不足による自己収縮が生ずる。

　③の水和反応によるものでは，マッシブなコンクリート[注 14] ではコンクリート打込み後数日で内部温度が 30 〜 50℃程度も上昇することがある。1 週間程度で外部気温に低下するが，コンクリートの温度降下時に構造体周辺の拘束

注 14）　マッシブなコンクリート：断面が比較的大きな構造体に施工されるコンクリートであり，通常 80 cm〜 1 m程度以上のものをいう。たとえば，ダムコンクリート，大断面の橋脚，沈埋トンネルの底板，などが相当し，マッシブなコンクリートとして事前に発熱に対する対策などを検討しておく必要がある。

が大きいと，引張ひずみを生じてひび割れが発生する危惧がある(図-4.20参照)。また，太陽光線にあたる部分ではその面での温度上昇によりひずみが増加して，光線のあたらぬ面との温度差により部材にそりが生ずるなどの変形を誘起することもある。

④の乾燥収縮はコンクリートに発生するひび割れの原因となることが多い。コンクリート中の自由水が蒸発することにより，コンクリート内部空隙の収縮を促すもので，コンクリートの乾燥収縮として 1000×10^{-6} 程度となることも稀ではない。設計では載荷材齢や環境条件（屋外や屋内の相違）に応じてコンクリートの収縮ひずみとして $120 \times 10^{-6} \sim 730 \times 10^{-6}$ の値を与えている。

4.5 コンクリートの耐久性

(1) コンクリートの供用寿命と耐久性能

構造物の具備すべき性能としては図-4.37[4.20]が挙げられており，建設時において安全性能，使用性能，第3者影響度に関する性能，美観・景観などが

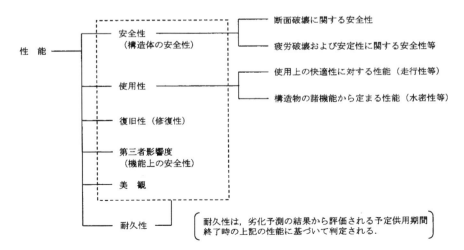

図-4.37 構造物の性能の種類 [4.20]

第4章　構造材としてのコンクリートの利用

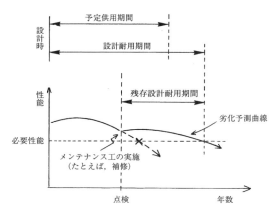

図-4.38　構造物の供用期間と性能変化 [4.21]

満足される必要がある。通常は耐荷性能，使用性に関する性能（構造物によっては，過度の変形が生じないこと，水密性や気密性が保持されること）が求められる。しかし，構造物は建設後に各種の荷重・外力作用や環境作用を受け，建設当初の性能が保持されることは困難で年月の経過とともに性能は低下するのが一般である。各種性能の低下の経時変化に対する抵抗性を"耐久性"といっており，供用期間において構造物の性能を維持する性能を"耐久性能"と呼んでいる。すなわち，図-4.37で示す耐久性は時間軸を含んだ性能を意味している。

図-4.38 [4.21] に示すように構造物設計時に供用期間を設定したとして，設計耐用期間内に必要性能を下回らないことが必要であるが，経年による性能の低下が予想を上回る場合には補修や補強を実施することになる。

構造物の性能を低下させる要因としては [4.22]，

　構造物としての変状：構造物の沈下など

　構造部材の変状：ひび割れの発生ないし拡大，かぶりコンクリートのはく離，鉄筋の腐食など

　コンクリートそのものの変状：コンクリートの化学的劣化（アルカリ骨材反応，化学的侵食など）

4.5 コンクリートの耐久性

表 -4.11　コンクリート構造部材の劣化機構と要因 [4.20)]

劣化機構	劣化要因	劣化現象	劣化指標
中性化	二酸化炭素	二酸化炭素がセメント水和物と炭酸化反応を起こし，細孔溶液中の pH を低下させることで，鋼材の腐食が促進され，コンクリートのひび割れやはく離，鋼材の断面減少を引き起こす劣化現象	中性化深さ 鋼材腐食量
塩害	塩化物イオン	コンクリート中の鋼材の腐食が塩化物イオンにより促進され，コンクリートのひび割れやはく離，鋼材の断面減少を引き起こす劣化現象	塩化物イオン濃度 鋼材腐食量
凍害	凍結融解作用	コンクリート中の水分が凍結と融解を繰返すことによって，コンクリート表面からスケーリング，微細ひび割れおよびポップアウトなどの形で劣化する現象	凍害深さ 鋼材腐食量
化学的侵食	酸性物質 硫酸イオン	酸性物質や硫酸イオンとの接触によりコンクリート硬化体が分解したり，化合物生成時の膨張圧によってコンクリートが劣化する現象	劣化因子の浸透深さ 中性化深さ 鋼材腐食量
アルカリシリカ反応	反応性骨材	骨材中に含まれる反応性シリカ鉱物や炭酸塩岩を有する骨材がコンクリート中のアルカリ性水溶液と反応して，コンクリートに異常膨張やひび割れを発生させる劣化現象	膨張量 （ひび割れ）
床版の疲労	大型通行車 （床版緒元）	道路橋の鉄筋コンクリート床版が輪荷重の繰返し作用によりひび割れや陥没を生じる現象	ひび割れ密度 たわみ
はり部材の疲労	繰返し荷重	鉄道橋梁などにおいて，荷重の繰返しによって，引張鋼材に亀裂が生じて，それが破断に至る劣化現象	累積損傷度 鋼材の亀裂長
すりへり	摩　耗	流水や車輪などの摩耗作用によってコンクリートの断面が時間とともに徐々に失われていく現象	すりへり量 すりへり速度

第4章　構造材としてのコンクリートの利用

図-4.39　塩害による劣化

図-4.41　凍害による劣化

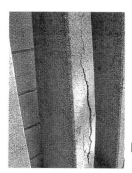

図-4.40　中性化による劣化

図-4.42　アルカリ骨材反応による劣化

　表-4.11[4.20)]は構造部材やコンクリートの変状の要因や現象などを簡潔にまとめたものである。主要な劣化状況を図-4.39〜図-4.42に示す。構造物の設計においては時間軸を考慮する必要があり(いわゆる，耐久設計)，4.5(2)以降に述べるように主に構造部材やコンクリートそのものの変状に対する設計法が提示されている。

注15)　アルカリ骨材反応：アルカリ骨材反応はセメント中のアルカリ分と骨材との反応をいう総称であり，我が国では骨材鉱物成分のシリカとの反応（アルカリシリカ反応，ASR）が観察されており，このため，アルカリ骨材反応をたとえば表-4.11に示すようにアルカリシリカ反応ということも多い。

本節では，塩害，中性化，アルカリ骨材反応[注15]に関して，以下説明を加えることとする。

(2) 塩害と耐久性
(a) 塩害の原因

コンクリート空隙の液相中にはセメントの水和生成物 $Ca(OH)_2$ やセメントのアルカリ成分（Na_2O, K_2O）が溶解し，高アルカリ性（pH は 12.7~13.5 程度）となっている。高アルカリ中では鉄表面には不働態皮膜(緻密な $\gamma\ Fe_2O_3\cdot H_2O$ の層）が形成されており，腐食はほとんど生じない。塩化物イオン (Cl^-) が鉄筋周囲に存在すると，鉄の不働態化作用を阻害し，あるいは，不働態皮膜を破壊して，高 pH 域においても腐食を発生させる。鉄筋の腐食を発生させる限界塩化物イオン濃度に関しては種々の説があるが，土木学会コンクリート標準示方書では限界塩化物イオン濃度 C_{lim}（kg/m³：コンクリート 1 m³当り)を水セメント比の関数として与えている（p.121 参照）。

図-4.43 は鉄筋の腐食機構を示している。不働態皮膜が破壊された状態で鉄筋表面に電位差があると鉄筋内部とそれを取り巻くコンクリートに電気的回路が構成される。鉄筋そのものも材質が不均一であり，鉄筋を取り巻くコンクリートも品質は不均一（湿分差，密度差，Cl^-の濃度差など）であって，鉄筋表面の電位は一定ではない。鉄筋で電位が高い部分(電位が"貴"という)が

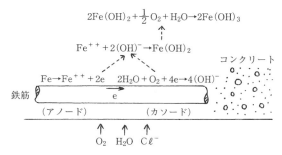

図-4.43　鉄筋の腐食機構

カソード（還元作用を生ずる極）となって電位の低い部分（電位が"卑"という）のアノード（鉄筋が酸化される極）に鉄筋内部で電流が流れる。 アノード部は鉄筋が周囲コンクリートの液相中に溶解する（すなわち，鉄筋が腐食する）箇所であり，放出された電子はカソード部で周囲に水や酸素の供給の基で$(OH)^-$を生成する。$(OH)^-$はアノードで溶出した鉄イオンと反応し$Fe(OH)_2$を生成し，さらに酸化されて$Fe(OH)_3$に変化するが溶解度が低いために鉄筋表面に沈着する。$Fe(OH)_3$は実際には存在せず，$Fe_2O_3 \cdot 3H_2O$（赤錆）の形態となっているが，酸素が不足すると十分な酸化が行われず$Fe_3O_4 \cdot nH_2O$（黒錆）となり，さらに酸化が不十分なときには$FeO \cdot nH_2O$（青錆）が存在するといわれている。

(b) 塩害による構造物への影響

塩害による変状は鉄筋の腐食とかぶりコンクリートのはく離・剥落である。供給される塩化物イオンとしては，海岸線の構造物で海からの波しぶきなどによる海塩粒子，冬季の舗装表面の凍結を防止するために散布される融雪材（凍結防止材）などがある。図-4.38に示した構造物の性能との関係では，腐食が直ちに耐荷力を低下させることはないが第3者影響度に対する性能を低下させ，たとえば剥落したコンクリート片が通行車両や歩行者に被害を与えることが懸念される。劣化の程度と性能低下を桟橋でまとめた一例が図-4.44である。

(c) コンクリート構造物の耐久性照査

土木学会コンクリート標準示方書[4.16)]では，鉄筋腐食が開始するほどに塩化物イオンが鉄筋表面に存在するようになったときが塩害に対する限界値と設定している。塩化物イオンはコンクリート打込み時に材料から供給される量，建設後に外部環境からコンクリートに侵入する量の和となる。後者による塩化物イオンの侵入量の計算はFickの拡散則を用いている。すなわち，ある年限後の塩化物イオン量を求め、限界値以下であることを確認することとしている。

$$C \leq C_{lim}$$

ただし，

C_{lim}：鉄筋の腐食発生限界塩化物イオン濃度（kg/m^3）

普通ポルトランドセメントを使用した場合

$$C_{lim} = -(W/C) + 3.4$$

たとえば、W/C = 0.5 のときには $C_{lim} = 1.9 kg/m^3$

C：鉄筋位置における塩化物イオン濃度（kg/m^3）

$$C = C_0 \left\{ 1 - \mathrm{erf}\left(\frac{0.1 \times c}{2 \times \sqrt{D \times t}} \right) \right\}$$

erf(s) は誤差関数で、$\mathrm{erf}(s) = \frac{2}{\pi^{1/2}} \int_0^s e^{-\eta^2} d\eta$

C_0：コンクリート表面の塩化物イオン濃度（kg/m^3）

日本海側など飛来塩分の多い地域では

飛沫帯 $13.0 kg/m^3$，汀線付近 $9.0 kg/m^3$，海岸から 0.1km $4.5 kg/m^3$, など

c：鉄筋のかぶり (mm)

D：塩化物イオンのコンクリート中での拡散係数（$cm^2/$年）

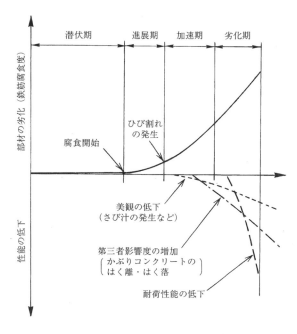

図-4.44　RC 部材の劣化と性能変化

トピックス　コンクリート中鉄筋の電気防食

　コンクリート中の鉄筋は，それを取り囲むコンクリート中の水分の高い pH によって鉄筋表面に不働態被膜が形成され，通常は腐食しない。しかし，鉄筋表面の電位が一様でなく電位差が生ずる（たとえば，鉄筋とコンクリートの界面で部分的に空隙が生ずる，塩化物が浸透し部分的に不働態被膜が破壊される）場合には，鉄筋の電位の高い部分（"カソード"という。電位が"貴"ともいう）から鉄筋の電位の低い部分（"アノード"という。電位が"卑"ともいう）に電流が流れ，アノードの部分では鉄筋が酸化されイオン化して腐食を生ずることになる。鉄筋の腐食を防止する極めて有力な対策が電気防食による方法である。下図は外部電源方式よる電気防食の方法を表している。コンクリート表面と鉄筋を回路で短絡し，コンクリート表面をプラス側，鉄筋をマイナス側として電流を流し，鉄筋表面の電位をできるだけ平均化させる方法である。印加する電流は 10〜20mA/m² 程度の微量な電流量である。

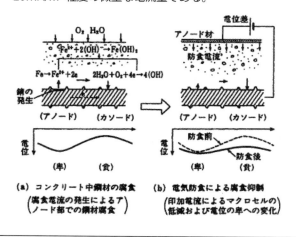

普通ポルトランドセメントを使用した場合
$$\log D = -3.9(W/C)^2 + 7.2(W/C) - 2.5$$

4.5 コンクリートの耐久性

(3) 中性化と耐久性

(a) 中性化の原因

空気中の炭酸ガス（0.03% 程度）は，コンクリートの水和生成物と反応し炭酸化現象を引き起こす。炭酸化を生じる主な水和生成物は $Ca(OH)_2$ であり，コンクリート空隙中で湿分ないし水分が存在するときのみ $Ca(OH)_2$ と反応する。水で飽和されたコンクリートは溶液中の炭酸の溶解度が小さいために炭酸化の進行は遅く，相対湿度で 50~70% のときに炭酸化は最大となる。炭酸化はコンクリートの pH を低下させるために，炭酸化を " 中性化 " と呼ぶことが多い。炭酸化は反応の原因と結果のみに着目すると次式で表される。

$$Ca(OH)_2+CO_2 \rightarrow CaCO_3+H_2O$$

(b) 中性化による構造物への影響

コンクリート中の鉄筋が防錆される理由は，コンクリートの pH が高いことによる緻密な不働態皮膜の形成にあるが，pH が低下すると皮膜は破壊され腐食を防止できなくなる。鉄筋の腐食による構造物への影響は塩害の場合と同様である。 中性化はフェノールフタレイン 1% アルコール溶液をコンクリート表面に噴霧することによって，赤色が無色となる深さを測定することによって求めている。しかし，フェノール溶液の変色領域とコンクリート中鉄筋の腐食は必ずしも一致しない。図 -4.45 に示すように未中性化領域と判定された箇所でも鉄筋は腐食するといわれ，通常腐食する可能性のあるコンクリート表面からの深さと中性化深さの差を " 中性化残り " と称している。中性化残りは 5~10mm 程度といわれている。

(c) コンクリート構造物の耐久性照査

土木学会コンクリート標準示方書[4.16) では，鉄筋の腐食が開始するときの中性化深さ（腐食発生限界深さ y_{lim}）とコンクリートの経年による中性化深さ y_d を比較することとによって，中性化の耐久性照査を行うこととしている。すなわち，

$$y_d \leqq y_{lim}$$

ただし，

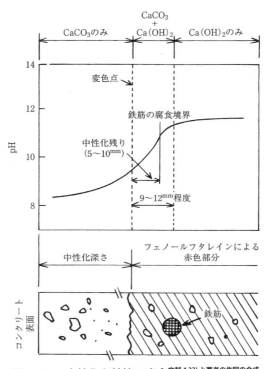

図-4.45 中性化と鉄筋の腐食^{文献 4.23) と著者の作図の合成}

y_{lim}：腐食発生限界深さ（mm）

$$y_{lim} = c_d - c_k$$

c_d：鉄筋かぶりの設計値（mm），$c_d = c - \Delta c_e$

c：鉄筋のかぶり（mm），Δc_e：施工誤差（mm）

c_k：中性化残り（通常環境下では 10mm）

y_d：コンクリートの経年による中性化深さ (mm)

$$y_d = \alpha \sqrt{t}$$

t：経過年数
α：中性化速度係数（mm/√年）

$$\alpha = \beta \times \alpha_k$$

β は環境の影響を表す係数，乾燥しやすい環境で 1.0

乾燥しにくい環境で 1.6

α_k は普通ポルトランドセメントを使用する場合

$$\alpha_k = -3.57 + 9.0W/C$$

　なお，一般の構造物では中性化は遅いために，普通ポルトランドセメントを使用し水セメント比を 50% 以下のコンクリートで，かぶりが 30mm 以上ある場合には，中性化の照査は不要としている。

(4)　アルカリ骨材反応と耐久性

(a)　アルカリ骨材反応の原因

　アルカリ骨材反応とは，コンクリート細孔溶液中のアルカリ分（KOH や NaOH）と使用材料の骨材との化学反応であるが，一般には，反応生成物の吸水膨張によりコンクリートの膨張圧が作用しひび割れが発生する現象を "アルカリ骨材反応" といっている。わが国で見られるアルカリ骨材反応は，アルカリと骨材鉱物成分のシリカとの反応（アルカリシリカ反応，ASR）により生成されるアルカリ・シリカゲルが原因といわれている。この反応による有害膨張は，①反応鉱物（火山ガラス，クリストバライト，オパールなど）を含む骨材がある量以上に存在すること，②細孔溶液中に十分は水酸化アルカリが存在すること（主な供給源はセメントであり，1992 年にセメントに対して全アルカリ量（Na_2O 換算，$Na_2O + 0.658K_2O$）で 0.75% 以下の規定が設けられている），③水分の供給があること（アルカリ・シリカゲルは吸水することによってはじめて膨張を生ずる），の 3 条件が揃ってはじめて生ずる。

(b)　アルカリ骨材反応による構造物への影響

　コンクリート内部からの膨張圧により，構造物表面にひび割れや滲出したゲルが認められる。ひび割れは膨張の拘束の方向によるが，拘束が方向性を持たないとき（たとえば，無筋のコンクリートの消波ブロック，鉄筋量の少ないよう壁）には亀甲状のひび割れ，拘束が大きい構造部材（鉄筋量の多いはり部材や柱部材など）では部材軸方向の主筋方向にひび割れが生ずる。ひび割れの発

生により直ちに耐力低下に結ぶつくことは少ないが，ひび割れからの有害物質のコンクリート内部への浸透が容易となり，鉄筋腐食，凍害などの進展を促すこととなる。また，膨張圧によりスターラップや帯鉄筋の切断などの現象も生ずる恐れがある。

(c) コンクリート構造物の耐久性照査

アルカリ骨材反応によるコンクリートの進行を予測することは極めて難しいが，たとえば，土木学会コンクリート標準示方書[4.20)]では，促進養生試験によるコンクリートの膨張量に応じて次のように示唆している。

膨張量 0.1% 以上：将来的に有害な膨張を生じ使用性や耐久性の低下を招く恐れがある。

膨張量 0.05% 未満：将来的に有害な膨張を生ずる可能性は低い。

コンクリートがアルカリ骨材反応による被害を防止するための対策としては，

① 骨材の反応性試験によって，「無害」と判定されたものを使用する。JIS A 5308（レディーミクストコンクリート）では，「骨材のアルカリシリカ反応性試験方法(化学法)」と「骨材のアルカリシリカ反応性試験方法(モルタルバー法)」が定められている。

② ポルトランドセメントはアルカリ量の少ないもの（Na_2O 換算で 0.6% 以下）を用いる。

③ アルカリ骨材反応を抑制するセメント(高炉セメントのB種やC種，フライアッシュセメントのB種やC種)を活用する。

④ コンクリート中の使用材料(セメント以外では，海砂に付着した塩化物（NaCl など），混和剤)より供給される全アルカリ量を 3.0kg/㎥以下とする。

⑤ 水分の供給を絶つためにコンクリート表面に防水工を施す。

などが挙げられる。

4.6 コンクリートの再利用

(1) コンクリートの再生

構造物の供用期間は次の条件によって定まってくる。すなわち，①物理的条件（物理的あるいは化学的作用により劣化が進行し，所要の性能の保持が不可能となる場合），②機能に関する条件（機能変更や機能向上を目的として，構造物の大幅な改良や撤廃を行う場合），③経済的条件（ある時点で構造物の撤廃が経済的に有利と判断される場合），などである。構造物が期待される性能（たとえば，耐荷力，機能性，耐久性など）を維持できなくなると，構造物の補修・補強，供用制限，解体撤去などの対策がとられることになる。

撤去される構造物は解体されて，埋立処分する，解体材料を構造物の建設に再利用する，などの処置がとられる。現状は資源の有効利用や埋立場所の確保困難などの理由から，できるだけ再利用する方向にある。再利用方法としては，

①　コンクリート体を切断あるいは破砕して，大割りのコンクリート塊として再利用するものである。漁礁，法面にブロックとして設置，基礎の割ぐり石の代用品としての大割り材，などがある。

②　コンクリート体をコンクリート塊に解体し，さらに，破砕して路盤材料やコンクリート用材料として再利用する。

現実には，②による再利用が多く，経済的理由から路盤材料として多く利用されている。コンクリート用材料としての物質循環を図-4.46[4.24] に示す。骨材と微粉末を分離すると，再生粗骨材，再生細骨材，微粉末（粒径 0.15mm 程度以下）が生成される。細・粗骨材に関しては (2) で述べることとして，微粉末についてはセメントクリンカー製造時の原料の一部としての可能性もある。しかし，微粉末には骨材微粉が含まれるため，現状ではセメント原料としては粘土分の一部の代替の役割程度である。

コンクリート $1m^3$ を製造するときの資源消費，所要エネルギー，CO_2 排出量の試算例 [4.25] がある。検討したコンクリートの配合は，スランプ 12cm，

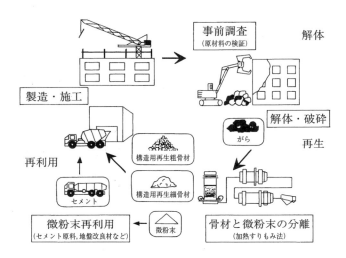

図-4.46　コンクリート資源の循環 [4.24]

W / C 55%, W 170kg/m³, C 310 kg/m³, S（砕砂）785 kg/m³, G（砕石）1,015 kg/m³ である。コンクリート材料としては，比較した次の2種について述べる。

　新材使用：従来のコンクリート製造と同様に使用材料は新規のものである。

　全再生：旧コンクリート 1m³を解体・破砕して，再生細骨材 687kg，再生粗骨材 949kg，再生微粉 474kg を製造する。再生細・粗骨材は全量をコンクリート材料として用い，骨材の不足分（細骨材 98kg と粗骨材 66kg）は新規材料を用いる。再生微粉のうち 187kg をセメント原料の一部として利用する。

　試算で得られた結果の一部をまとめて図-4.47 に示した。これによると"全再生"は"新材使用"に比較して原料を著しく減少させることができるが，再生骨材を製造するためにエネルギーを多く必要としている。一般に良品質の再生骨材は製造に手間がかかり，製造に必要なエネルギーも増加する傾向にある。しかし，環境への配慮を考えると $LCCO_2$ や天然資源の消費量なども併せ考慮する必要がある。

4.6 コンクリートの再利用

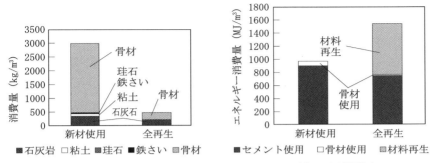

図-4.47 新材使用と再生材使用の場合の比較文献4.25)より著者が作成

(2) 再生骨材コンクリート
(a) 再生骨材の製造

再生骨材の製造方法を図-4.48に示している[4.26)]。破砕され小割りにされたコンクリート塊をコンクリート材料として再利用するためには，骨材とモルタル分ないし硬化セメント分をできるだけ分離しなければならない。骨材を製造する方法としては，表-4.12に示すようにふるい分け法，破砕法，比重選別法，偏心すりもみ法（図-4.49[4.27)]参照），加熱すりもみ法などがある。軽度な処理のふるい分け法や破砕法では骨材の周囲にモルタル分が多量に固着したままで

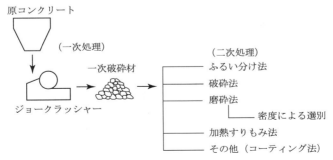

図-4.48 再生骨材の製造 [4.26)]

表-4.12 再生骨材の製造方法

項目	ふるい分け法	破砕法	比重選別法	偏心すりもみ法	加熱すりもみ法
方法	小割りにされたコンクリート塊をジョークラッシャーなどにより破砕し粗骨材とモルタルに分離	一次破砕したコンクリート破砕材をさらにインパクトクラッシャーなどにかけて破砕して、粒度を調整して細骨材と粗骨材に分離	ジョークラッシャーで破砕したコンクリート塊の40mm以下をロッドミルでさらに破砕して再生粗骨材を製造し、比重選別機で再生骨材と軽密度物(モルタル塊など)に分離	小割りにされたコンクリート塊が偏心ローター式装置による圧縮力と揺動により、すりもみ作用が強化され粗骨材とモルタルに分離	コンクリート塊を300℃程度に加熱して、ペースト分を脱水させ脆弱化させ、その後すりもみ作用を加えて、骨材とペースト部分を分離
回収される骨材	細骨材, 粗骨材	細骨材, 粗骨材	粗骨材(細骨材)	粗骨材	細骨材, 粗骨材
備考	最も簡易な製造方法。砕石を製造する技術を応用、コンクリート用骨材としての歩留まりは低い	主に、再生粗骨材の粒度の調整や粒形の改善を目的としている	再生粗骨材のさらなる品質向上を目的とし、比較的品質の安定した骨材を生産	高品質再生骨材の製造が可能、処理量が多くなると外部での廃棄処分費と同等	高品質再生骨材の製造が可能、消費エネルギーや生産コストは大

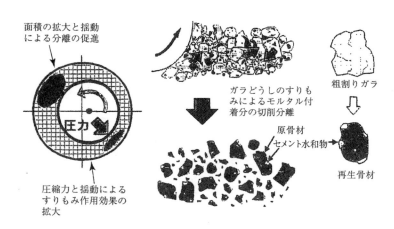

図-4.49 偏心ローターによる再生骨材の製造 [4.27)]

あり，コンクリート用骨材に使用するとモルタル分が水分を吸収するために，所要のスランプを確保するために水量を増加させる必要がある。硬化したコンクリートにおいても骨材界面が弱く乾燥収縮なども多くなる。このため，高品質の再生骨材を確保するためには，すりもみや加熱などの処理が必要となる。

(b) 再生骨材の品質

再生骨材の製造に用いる原コンクリートは多種多様であり，使用される再生骨材の用途にもよるが基本的には次であることが好ましい。すなわち，

① 塩化物含有量が 0.15 kg/㎥ 以下であること（鉄筋コンクリートに使用のとき）。

② 原コンクリートに著しい中性化が進行しておらず，アルカリ骨材反応がみられないこと。

③ 軽量骨材コンクリートは除く。

普通粗骨材と比較した破砕方式による再生粗骨材の一般的な特徴としては，比重が小さいこと，吸水率が大きいこと，すりへり減量が大きいこと，破砕値が大きいことなどが挙げられる。これらは，骨材の表面でのモルタルの付着の程度（骨材の処理の程度）に多きく影響される。

一方，再生細骨材粒子は一般的にセメントペースト分の含有量が多く，密度の低下や吸水率の増大は避けられない。再生細骨材の品質向上のためには，たとえば微粒分（たとえば，0.15 ㎜以下）を取り除く対策も考えられる。また，砂（川砂，山砂，砕砂など），スラグ細骨材などとの混合使用が実用的である。通常の破砕方式により製造された再生細骨材は，強度が小さく，凍害の恐れのない部位，捨てコンクリート，裏込コンクリートなどへの適用に限定される。

製造されるコンクリート用再生骨材としては，再生骨材 H，再生骨材 M，再生骨材Lの３種があり，これらの品質としては，表-4.13の値が示されている。また，再生骨材を用いたコンクリートの用途は表-4.14 に示している。再生骨材 H は通常のコンクリート用骨材として使用することができるが，再生骨材 M や再生骨材 L は使用の範囲が限定されており，表-4.15 に示すように場合によっては普通細骨材との混合使用などが推奨されている。

132　　　　第4章　構造材としてのコンクリートの利用

表 -4.13　再生骨材の品質

項　　目	JISA 5021 コンクリート用再生骨材H		JISA 5022 再生骨材Mを用いたコンクリート		JISA 5023 再生骨材Lを用いたコンクリート		(参考) JISA 5023 コンクリート用砕石・砕砂	
	再生粗骨材	再生細骨材	再生粗骨材	再生細骨材	再生粗骨材	再生細骨材	砕石	砕砂
絶乾密度 (g/cm³)	2.5以上	2.5以上	2.3以上	2.2以上				
吸水率(%)	3.0以下	3.5以下	5.0以下	7.0以下	7.0以下	13.0以下	3.0以下	3.0以下
微粒分量(%)	1.0以下	7.0以下	2.0以下	8.0以下	3.0以下	10.0以下	1.0以下	1.0以下
すりへり減量(%)	35以下						40以下	
不純物量*の限界値(%)	2.0	2.0	2.0	2.0	3.0	3.0		

* 印：レンガ，ガラス片，石膏ボンド片，プラスチックなど

表－4.14　再生コンクリートの主な用途

項　　目	一般的な用途
コンクリート用再生骨材H	JIS 5021（レディーミクストコンクリート）で製造されるコンクリートの材料として使用可．普通コンクリート，舗装コンクリートに使用，高強度コンクリートは不可
再生骨材Mを用いたコンクリート	地中の基礎杭など収縮の少ない箇所
再生骨材Lを用いたコンクリート	捨てコンクリート，均しコンクリート，裏込めなど

表 -4.15　再生骨材 M および再生骨材 L を用いたコンクリート

	JISA 5022 再生骨材Mを用いたコンクリート		JISA 5023 再生骨材Lを用いたコンクリート	
	標準品	耐凍害品	標準品	塩分規制品
G_{max}	20, 25, 40	20 あるいは25	20, 25, 40	
呼び強度	18〜36	27〜36	18〜24	
空気量(%)	(4.5±2.0)	(5.5±1.5)	——	
使用粗骨材	再生粗骨材M	再生粗骨材M単独，あるいは，Mと普通粗骨材との混合	再生粗骨材L単独，あるいは，Lと普通粗骨材との混合	
使用細骨材	再生細骨材M	普通細骨材	再生細骨材L単独，あるいは，Lと普通細骨材との混合	

4.6　コンクリートの再利用　　　　133

トピックス　　完全リサイクルコンクリート

"コンクリート体を造りいずれ廃棄するときに，コンクリートの全量がセメント原料や再生骨材として使用可能であるコンクリート"である。使用骨材および混和材として主に石灰岩骨材および産業副産物を用いて，廃棄後は全量がセメント原料として活用される。たとえば，使用する骨材に関して，粗骨材として石灰岩砕石，珪酸質岩石砕石を用い，細骨材として石灰岩砕砂，珪酸質岩石砕砂などを用い，混和材として高炉スラグ微粉末，フライアッシュなど活用する。供用停止後に構造物を解体・撤去した後のコンクリート塊は粉砕処理して，粗粒分から再生粗・細骨材を製造し，微粒分はさらに粉砕・焼成・成分調整などの処理を施して再生セメントを生産する。

文献

田村雅紀、野口貴文、友澤史紀：完全リサイクルコンクリート、セメントコンクリート、

No.647, pp.46～53, 2001.1

(c)　再生骨材を用いたコンクリート

再生骨材を使用したフレッシュコンクリートの一般的な特性としては[4.25)]，

①　普通骨材コンクリートにおけると同様に，骨材の実績率（すなわち，粒形や粒度）によって評価できる

②　再生粗骨材を用いた場合には、コンクリートのコンシステンシーは同じか、あるいは改善され、ブリーディングや凝結時間に関しても再生粗骨材の使用は悪影響を及ぼさない。

また，硬化コンクリートに関しては，

①　再生骨材コンクリートの圧縮強度は品質や骨材の製造方法によって大きく影響される。特に図-4.50[4.26)]に示すように骨材の吸水率の影響が大きい。

②　図-4.51は，各品質に分類されたコンクリートの28日強度（圧縮強度）を水セメント比毎に求めた結果であり、再生骨材を用いたコンクリート

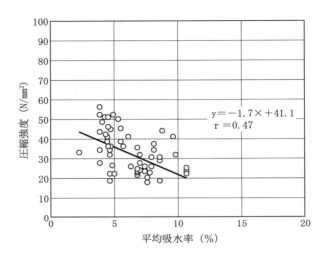

図-4.50　再生骨材の吸水率とコンクリートの圧縮強度[4.26)]

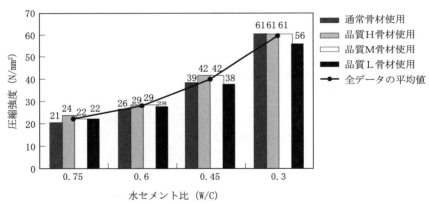

図-4.51　再生骨材を用いたコンクリートの圧縮強度

も，W／Cの低下と共に強度が増加する傾向を示している。
③　強度以外の力学的性質（応力〜ひずみ曲線，ヤング係数など）は同等の強度を有する普通骨材コンクリートとほぼ同等と考えられる。
④　凍結融解に対する抵抗性は普通骨材コンクリートよりも若干低下し，耐久性を評価する耐久性指数は骨材の安定性試験から判断することができ

4.6 コンクリートの再利用 135

る。

　コンクリートの製造設備としては，骨材の貯蔵時にプレウェッティングができることが望ましい。これは，気乾状態で再生骨材をコンクリートの練混ぜ時に投入すると①フレッシュコンクリートの品質の経時変化がおおきいこと，②現場においてミキサ車からコンクリートポンプによってコンクリートを圧送するとき，骨材が水分を吸収し圧送の効率が低下すること，などによる。

(d)　再生骨材を用いた構造物の施工例 [4.24)]

　加熱すりもみ方式で製造した再生細骨材および再生粗骨材による例である。解体した構造物の概要は 1970 年に建造された RC 造 4 階建の倉庫であり，延床面積は 68,309㎡ である。新設の建物は S R C 造の 6 階建倉庫であり延床面積は 62,132㎡ である。撤去建物に使用されていたコンクリートは表 -4.16 に示すとおりである。アルカリ骨材反応試験においても骨材は無害の判定であった。

　再生骨材は加熱すりもみ方式で製造された。図 -4.52 に再生骨材の製造工程

表 -4.16　原コンクリートの品質

(1)　骨材の品質

種　類	絶乾密度 (g/cm^3)	吸水率 (%)	粗粒率	塩化物量 (kg/m^3)	アルカリシリカ反応性
川砂	2.57	2.14	2.89	検出限界 以下	無害
川砂利	2.63	1.29	6.69		無害
品質規準	2.5 以上	＊	―	0.3 以下	無害である こと

＊　細骨材 3.5 以下，粗骨材 3.0 以下
＊＊コア強度は 24.7 N/mm²

(2)　配合推定結果

W/C (%)	空気量 (%)	単位量(kg/m^3)				単位体積質量 (kg/m^3)
		W	C	S	G	
68.9	2.7	162	235	934	988	2,199

を示す。このときの骨材としての回収率（コンクリートガラに対する重量比）は約56％（粗骨材で35％，細骨材で21％）であり，配合から骨材量に対する歩留りは粗骨材で約76％，細骨材で約50％であった。製造された再生骨材の品質を表-4.17に示す。コンクリートの配合は，スランプ18cm，空気量4.5％としている。表-4.18にコンクリートの配合例を示す。

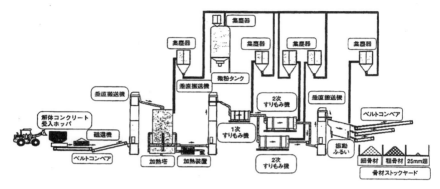

図-4.52　再生骨材の製造工程 [4.24)]

表-4.17　再生骨材の品質

	細骨材		粗骨材	
	測定値（平均）	管理値	測定値（平均）	管理値
絶乾密度(g/cm^3)	2.53	2.45 以上	2.59	2.45 以上
実績率（％）	59.9〜68.7	53 以上	64.1〜66.5	55 以上
微粒分量（％）	0.76〜2.36	7.0 以下	0.19〜0.33	1.0 以下
塩化物量（％）	0.001〜0.002	0.04 以下	—	—

表-4.18　再生骨材を使用したコンクリート

配合名	呼び強度	W/C	s/a	単位量(kg/m^3)			
				C	W	S	G
RR（再生細・粗骨材）	30	48.4	43.9	347	168	769	1011
NN（山砂，砕石）	30	50.4	45.2	345	174	789	988

再生骨材の製造工程で微粉末が発生する。微粉末はセメント成分に由来する成分や微細の骨材粒子などからなり，密度は 2.5g/cm³ 程度，比表面積は 6,000 cm²/g 程度（セメントの比表面積は 3,000 cm²/g 程度）である。微粉末の使用用途としては表-4.19 に示したように，軟弱の掘削土の土質改良（残土性状の確保），改良した材料を原地盤相当の材料として利用（埋戻し材や地盤置換材），改良した材料を路盤材として利用（ソイルセメントの代替など），などとして活用された。

表-4.19　再生骨材製造時に発生する微粉末の用途

	埋戻し材あるいは 地盤置換材	ソイルセメントによる 壁体の製作
微粉末量（kg/m³）	550〜750	30〜60
添加するセメント量（kg/m³）	50〜200	180〜210
利用による効果	分離の低減や強度の増加	施工性の改善や強度の確保

(3) 再生骨材を用いたコンクリート部材の構造性能

再生骨材を用いたコンクリート構造物の力学特性への影響は，その構造物の挙動がコンクリートのひび割れや損傷により支配されているのか，あるいは鉄筋や鋼材の降伏や伸びにより支配されているのかにより異なる。つまり，コンクリート構造物の力学挙動が鉄筋や鋼材で支配されている場合には，再生骨材を使用してもその品質が構造物の力学挙動に及ぼす影響は小さい。例えば，鋼製橋脚などでは，兵庫県南部地震級の強震動を受ける際に備え，部材の耐荷力と変形能を高めるためにコンクリートを充填することがある（図-4.53）。

充填コンクリートの役割は，鋼部材の

図-4.53　鋼管部材へのコンクリートの充填

局部座屈の発生を遅らせ，局部座屈が発生した後は曲げ圧縮力を分担することである。ここに用いられているコンクリートは，通常，低強度であり，高い品質が求められることはない。鋼管の充填コンクリートに再生骨材を使用しても，通常のコンクリートを用いた場合と同等の耐震性が確保されることが実験的に確かめられている[4.28]。同様に，鉄筋コンクリートはりに再生骨材を使用する場合でも，そのはりの破壊モードが曲げ破壊であれば，骨材の品質が部材の曲げ耐力に及ぼす影響は小さい[4.29]。これは，部材の曲げ耐力やその荷重－変位関係は，部材に作用している軸力が大きい，あるいは軸方向鉄筋が通常よりも多数配筋されるなどの特殊な条件を除けばコンクリート材料特性の影響をあまり受けないためである。

一方，コンクリート強度が鉄筋コンクリートはりや柱の耐荷力に直接的に影響する場合，再生骨材の品質により部材が持つ耐力は異なってくる。例えば，

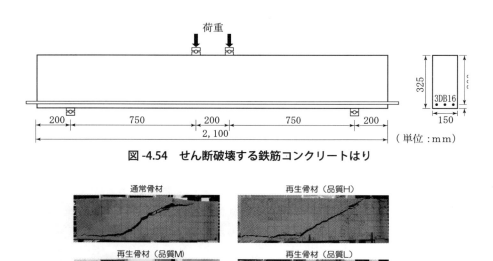

図-4.54 せん断破壊する鉄筋コンクリートはり

図-4.55 異なる再生骨材を持つ鉄筋コンクリートはりのせん断ひび割れ

図-4.54のような鉄筋コンクリートはりで，せん断補強鉄筋（スターラップ）を配筋せず，曲げとせん断を受ける区間（支点と載荷点の間）でせん断破壊するようにはりを設計したとする。

図-4.55にせん断破壊後のRCはりを示す。せん断ひび割れの進展や破壊モードに再生骨材の品質の差はあらわれない。しかし，実験で得られるせん断強度は，表-4.20に示すように，断面の有効高さが小さい場合に再生骨材の品質の差の影響を受けている。この理由を解説する。

せん断ひび割れ面は，微妙な変化を伴い凹凸が存在している。せん断ひび割れが粗骨材と交わると，骨材のかみ合わせ効果が期待できる[4.30]。図-4.56は，せん断力に抵抗する鉄筋コンクリートはりの耐荷機構を表現しているが，こ

表-4.20　再生骨材の品質がせん断補強鉄筋を持たないRCはりのせん断強度に及ぼす影響

骨材品質	有効高さ(mm)	せん断強度(N/mm^2)
天然	300	1.03
H	300	1.13
M	300	1.22
L	300	1.10
天然	150	2.29
H	150	1.95
M	150	1.61
L	150	1.66

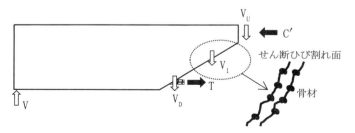

図-4.56　スターラップのない鉄筋コンクリートはりのせん断耐荷機構

の V_I の部分がせん断ひび割れ面に沿った骨材のかみ合わせ抵抗である。なお，V_D はダウエル作用，V_U はまだひび割れていない曲げ圧縮部のコンクリート部分の直接的なせん断抵抗である。V_I は，骨材の寸法（大きいほど抵抗は大）と，せん断ひび割れ幅（小さいほど抵抗は大）に依存する。粗骨材の最大寸法は，通常，コンクリート部材の寸法に依存せず，変化しないため，ひび割れの形状が幾何学的に相似であるのなら，はりの有効高さが小さいとひび割れ界面の凹凸の程度が相対的に大きくなり，かみ合わせ抵抗が大きくなる。結果として，断面の有効高さが小さくなるとはりのせん断耐力は骨材の品質の影響を受けるようになる。

　再生骨材コンクリートを用いたコンクリート部材の耐力や変形能の評価，あるいは長期的な再生骨材コンクリートの材料特性の変化が部材の耐力や変形能に及ぼす影響などは，まだ実験データが少ない状況にあり，再生骨材を用いたコンクリート構造体の普及にはさらなる研究が必要である。

まとめ

コンクリート構造物を構築するときのコンクリートの基礎的な要求特性や物性をまとめた。

①　コンクリートを造るときの構成材料は，セメント，水，細骨材，粗骨材，混和材料の 5 材料である。

②　材料の混合割合は，主にフレッシュコンクリートの流動性，硬化したコンクリートの強度（通常は圧縮強度）を基に定められる。

③　フレッシュコンクリートの流動性は主に混入する水の量によって決まる。流動性は通常スランプ試験によって求められ，スランプと混入する水の量はほぼ一次の関係にある。

④　コンクリートの強度を定める最も重要な因子は水セメント比（水とセメントの重量比，W/C）であり，圧縮強度 f_c' と水セメント比 W/C の間にはほぼ次の関係がある，$f_c' = a + b\,C/W$（a, b は常数）。

⑤　構造物が長寿命を確保するためには，経年によるコンクリートそのもの

の劣化や外部からの劣化作用に対して充分に耐えられる耐久性が必要である。劣化作用としては，塩害，凍害，アルカリ骨材反応，中性化，化学作用，荷重の繰返しなどがあり，それらの劣化機構も説明した。

⑥　撤去されるコンクリート構造物に対して，コンクリートを破砕することにより骨材を取り出しコンクリート用骨材（再生骨材と称される）として再利用される。

引用・参考文献

4.1)　セメント協会：セメントの常識，71pp.，2013.4

4.2)　土木学会：[2010年制定]コンクリート標準示方書[規準編]，502pp.，2010.11

4.3)　日本工業規格協会：JIS A 5308:2009　レディーミクストコンクリート

4.4)　藤原忠司：低品質骨材の有効利用に関する基礎的研究，土木学会論文集，No. 408, pp. 101-110, 1989.8

4.5)　土木学会：[2012年制定]コンクリート標準示方書[施工編]，389pp.，2013.3

4.6)　日本材料学会編：コンクリート用化学混和剤，朝倉書店，1972.5

4.7)　竹本油脂「高性能AE減水剤」カタログ・技術資料，1992

4.8)　吉越盛次：混和剤としてのフライアッシュに関する研究，土木学会論文集，No. 31, 1955

4.9)　土木学会：高炉スラグ微粉末を用いたコンクリートの施工指針，コンクリートライブラリー，No. 86，186pp.，1996.8

4.10)　長滝重義：新しいセメントの使い方とその実例-膨張セメント-，セメント・コンクリート，No. 320, 1973

4.11)　山田順治，有泉　晶：わかりやすいセメントとコンクリートの知識，鹿島出版会，280pp.，1986.4

4.12)　関　博：土木構造物とひび割れ，セメント・コンクリート，No. 451，pp. 24〜32，1984.2

4.13)　ACI Committee 305：Hot Weather Concreting, ACI Journal, Proc. Vol. 74, No. 8, 1977.8

142 第4章 構造材としてのコンクリートの利用

4.14) コンクリート工学協会：コンクリート便覧、1996.2

4.15) 鮎田耕一：寒中コンクリートの強度，耐久性に及ぼす養生の影響，セメント技術年報，No. 39, pp. 130-133, 1985

4.16) 土木学会：[2012年制定]コンクリート標準示方書[設計編]，609pp.，2013.3

4.17) 羽原俊祐：コンクリートの構造とその物性，わかりやすいセメント科学，セメント協会，114pp.，1997.3

4.18) 山田順治，有泉　晶：わかりやすいセメントとコンクリートの知識，鹿島出版会，280pp.，1986.4

4.19) 日本コンクリート工学協会：コンクリート便覧，962pp.，1996.2

4.20) 土木学会：[2013年制定]コンクリート標準示方書[維持管理編]，299pp.，2013.10

4.21) 土木学会：[2001年制定]コンクリート標準示方書[維持管理編]，185pp.，2001.1

4.22) 関　博：維持管理に関する研究展望，土木学会論文集，NO. 557/V-34，pp. 1〜14，1997.2

4.23) 永嶋正久，飛内圭之：コンクリートの中性化，セメント協会，セメント・コンクリート化学とその応用，pp47-52，1994

4.24) 黒田泰弘：再生骨材コンクリート12500㎡を建築躯体に本格採用，セメント・コンクリート，No. 685，pp. 8〜18，2004.3

4.25) 建設材料第76委員会：ライフサイクルを考慮した建設材料の新しいリサイクル方法の開発、平成8〜12年度　日本学術振興会未来開拓学術研究推進事業研究成果報告書，280pp.，2001.4

4.26) 電力施設解体コンクリート利用検討委員会．：電力施設解体コンクリートを用いた再生骨材コンクリートの設計施工指針（案），土木学会　コンクリートライブラリー，No. 120，248pp，2005.6

4.27) 柳橋邦生氏の資料

4.28) Huang, Y. J., Xiao, J. Z., and Zhang, C. H. : Theoretical study on mechanical behavior of steel confined recycled aggregate concrete,

Journal of Constructional Steel Research, 76(9), pp. 100-111, 2012

4.29) Sato, R., Maruyama, I., Sogabe, T., and Sogo, M.:Flexural behavior of reinforced recycled concrete beams, Journal of Advanced Concrete Technology, 5(1), pp. 43-61., 2007

4.30) 二羽淳一郎：コンクリート構造の基礎，数理工学社, 2006.3

第 5 章

構造材としての鋼材

5.1 鋼の製造と製品

(1) 鉄鋼の製造

高炉 (図 -5.1) で鉄源となる鉄鉱石を還元して銑鉄を造り, これを転炉 (図 -5.2) で精錬し炭素分や不純物を除き, 圧延して使用目的ごとの鋼材が製造される。鋼材の製造工程を図 -5.3 に示す。

(a) 製銑と製鋼

銑鉄の主要原料は, 鉄源としての鉄鉱石, 熱源および還元剤としてのコークスを造るための原料炭, 媒溶材としての石灰石である。

鉄鉱石には多くの種類があるが, 通常使われているのは赤鉄鉱（ヘマタイト；Fe_2O_3), 磁鉄鉱（マグネタイト；Fe_3O_4), 褐鉄鉱（リモナイト；$Fe_2O_3 \cdot 3H_2O$) などである。石灰石は高炉の原料中の岩石成分や不純物と化合して滓として排出し, また銑鉄中のイオウ分を除く。

図 -5.1　高炉 [5.1)]

図 -5.2　転炉 [5.1)]

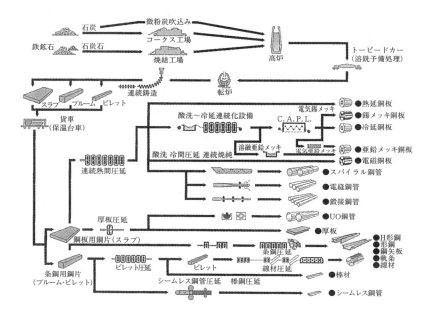

図-5.3　鋼材の製造工程 [5.1]

　銑鉄を造るには鉄鉱石を高炉に入れ，コークス・石灰石を加え，これらを交互に装入する。熱風炉で約800℃に予熱された空気を送風するとコークスは燃焼し，炉内は約2,000℃程度の高温にまで上昇する。鉄鉱石はコークス（C）によって還元され，還元された鉄は溶融状態となって滴下する。溶融鉄は炉内下方でコークスと接触して多量の炭素を溶解して炉底に溜まる。原料中の不純物は石灰石と化合して溶滓となって溶融鉄の上に層を成して溜まり，これを3～4時間おきに取り除き，溶融鉄は出銑口から取り出される。このようにして生産される銑鉄は，ほとんどが製鋼用原料として用いられる。

　この銑鉄（溶銑または冷銑），およびスクラップを主原料として，炉中でこれを熔解し，酸化，その他の方法で不純物を取り除く（精錬）。転炉は炉内の溶銑に純酸素を吹込み，不純物を酸化燃焼させて鋼とする方法で，燃料を使わないのが特徴である。次に鋼中の酸素を所定の量まで取り除き（脱酸），さら

5.1 鋼の製造と製品

に合金の添加などにより必要な化学成分を持つように調整し，炉から取塙に取出し（出鋼），次に溶鋼を鋳型に注入して所定の鋼塊または鋼片を作る（造塊）。これら一連の作業が製鋼工程である。この製鋼工程で銑鉄は炭素量を下げて不純物を除かれ，伸びと粘りのある圧延可能な鋼となるのである。

鋼塊から分塊圧延機，鋼片圧延機または熱間鍛造によって製造される鋼片は，熱間圧延の鋼板，鋼帯，線材，棒鋼，形鋼，平鋼および継目無鋼管，ならびに鋳造品の各製造工程に供される半製品で，断面の形状および寸法によって，スラブ（厚鋼片），ブルーム（大鋼片），ビレット（小鋼片），シートバーと呼ばれる。

(b) リムド鋼とキルド鋼

溶鋼は鋳型内で凝固する際に，溶鋼中の酸素と炭素が作用して一酸化炭素を発生し，特有の沸騰撹拌現象（リミングアクションという）を生ずる。この結果，鋼塊中には気泡を含み，また不純物の多くは中央上部に押し上げられるので偏析が起こりやすい。また注入された溶鋼は鋳型の内部から凝固し始めるので鋼塊表面は純鉄に近い良質のものになる。この方法で造られた鋼をリムド鋼（縁付鋼）といい，一般構造用鋼材に用いられる。

これに対して溶鋼にアルミニウム，けい素，マンガンなどの脱酸剤を入れて酸素を取り除くと，注入時のリミングアクションはなく凝固する。これをキルド鋼（鎮静鋼）という。鋳型内での凝固進行中に一酸化炭素を発生せずに静かに凝固し，比較的均質で偏析が少なく気泡もないが，上部中心に収縮孔ができて歩留りはよくない。機械構造用炭素鋼以上の高級な鋼材の製造に用いられる。

なお，リムド鋼とキルド鋼の中間のものをセミ・キルド鋼（半鎮静鋼）という。鋼塊の断面を図-5.4 に示す。

(c) 圧延

各々逆方向に回転する2つのロールの間に，鋼片をかみ込ませ，断面積を縮小させて所要の断面形状を有する鋼材を製造する工程が圧延である。主として前述のスラブから鋼板を，ブルームから形鋼を，ビレットから棒鋼・線材が圧延される。

鋼材は熱間圧延のみによって製造されるものと，鋼板のようにさらに冷間圧

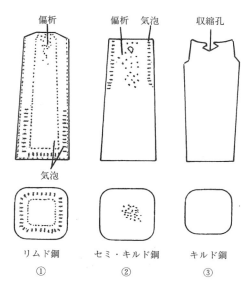

図-5.4 リムド鋼とキルド鋼

延が加えられて製造されるものがある。熱間圧延は所要の断面の鋼材を作り出すことはもとより，再結晶温度[注1)] 以上で鍛錬することにより鋼塊の鋳造組織を破壊して内部組織を微細化し，中心部に存在する収縮孔，粗晶，偏析などの欠陥を改善し，靱性のある鋼材を製造する。

こうして製造された鋼材は各種の試験と検査が実施され，規格・仕様に合格することを確認した上で，鋼材には型板によって規格記号，溶鋼番号，寸法，数量・重量、製造業者などを記入し，検査証明書（図-5.5）と伴に製鉄所から出荷される。

注1）再結晶温度：冷間加工などで塑性ひずみを受けた結晶が加熱されるとき，内部応力が減少する過程に続いて，ひずみが残っている元の結晶粒から内部ひずみのない新しい結晶の核が発生し，その数を増やすとともに，各々の核は次第に成長して，元の結晶粒と置き換わっていく現象を再結晶といい，再結晶を起こす温度を再結晶温度という。

新日本製鐵株式會社
Nippon Steel Corporation

鋼材検査証明書
INSPECTION CERTIFICATE

注文者 SHIPPER : NIPPON STEEL
注文者照合番号 REFERENCE No. : 511-54F00248
契約番号 CONTRACT No. : 4-106-H1-1-1-1865
商品名 COMMODITY : MILLEDGED STEEL PLATE
規格 SPECIFICATION : JIS G3106 SM490YB
文書番号 DOCUMENT No. :
需要家 CUSTOMER :

本社 HEAD OFFICE : 〒100-8071 東京都千代田区大手町２丁目６番３号 2-6-3, OTEMACHI, CHIYODA-KU, TOKYO, 100-8071, JAPAN
大分製鐵所 OITA WORKS : 〒870-0992 大分県大分市大字西ノ洲１番地 1, NISHINOSU, OITA-CITY, OITA-PREF., 870-0992, JAPAN

証明書番号 CERTIFICATE No. : 0405403　頁 PAGE : 1E
発行年月日 DATE OF ISSUE : 2004-04-21
J 4　**********
需要家管理番号 CUSTOMER'S CONTROL No. : C2EP21350400000- 1　A1C
00　111　78

寸法 DIMENSION MM	員数 QUANTITY	質量 MASS KG	製鋼番号 CAST No. / 試験番号 TEST No.	製品番号 PLATE No.	LOCATION ORIENTATION	引張試験 TENSILE TEST 耐力・降伏点 YS-YP N/MM2	引張強さ TS	伸び EL %	衝撃試験 LOCATION ORIENTATION SIZE	IMPACT TEST 2V +0C J 平均値 AVG	個々値 EACH	C ×100	Si ×100	Mn ×100	P ×1000	S ×1000	Cu ×100	Ni ×100	Cr ×100	Mo ×100	Nb ×100	V ×100	TAl ×1000	Ceq-1 ×100
				SPEC. MIN.		355	490	19		27														
				MAX.			610					20	55	160	35	35								
7B-A1A001 01 28X2100X12820	1	6095	ZQ3832 29285	498295-02	BCG	397	541	26	BLF	229		16	38	146	18	4	2	1	3	0	2	0		42
7B-A1A002 02 28X1900X12460	1	5359	ZQ3764 26301	496756-01	BCG	415	537	24	BLF	288		16	39	146	17	5	2	1	3	0	1	0		42
7B-A1A003 03 28X1700X11400	1	4388	ZQ3764 26301	496774-02	BCG	415	537	24	BLF	288		16	39	146	17	5	2	1	3	0	1	0		42
7B-A1A005 05 28X1700X4310	1	1658	ZQ3830 29215	498326-03	BCG	414	542	26	BLF	220		15	38	144	23	6	2	1	3	0	2	0		41
7B-A1A006 06 28X1500X11080	1	3763	ZQ3696 23231	494589-02	BCG	412	538	25	BLF	154		16	40	146	20	10	3	1	3	0	2	0		42
TOTAL	5	21263		LADLE	CEQ1=C+MN/6+SI/24+MO/4+CR/5+NI/40+V/14+(CU/13)																			

注釈 NOTES ※1 Location Orientation 位置・方向, T:頭部 Top, B:底部 Bottom, L:圧延方向 Longitudinal, C:直角方向 Transverse, Z:板厚方向 Through Thickness, R:45° 方向 45Deg. to the Longitudinal Axis
※2 GL:標点距離 Gage Length, A:50mm 平形試験片 Rectangular, B:50mm 丸形試験片 Round, C:70mm 平形試験片 Rectangular, D:70mm 丸形試験片 Round, E:80mm 平形試験片 Rectangular, F:80mm 丸形試験片 Round, G:200mm, H:2", I:8", J:5.65√So, K:4√So
※3 RA:絞り Reduction of Area, YR:降伏比 Yield Ratio ※4 A:合格 Acceptable ※5 F:標準寸法 Full Size, 2:2.5mm, 3:3.3mm, 4:3.33mm, 5:5.0mm, 6:6.67mm, 7:7.5mm, 8:6.7mm, 9:製品板厚 PlateThickness ※6 P:製品分析 Product Analysis　温度 Temperature
※7 N:焼準 Normalized, Q:焼入れ Quenched, T:焼戻し Tempered, CR: Controlled Rolled, NIC: NIC Process/TMC Process, CLC: CLC Process/TMC Process, AR: As Rolled
SH:延性破面率 Shear Fracture, CF:脆性破面率 Crystallinity Fracture, LE:横膨出 Lateral Expansion, AGS:オーステナイト粒度 Austenite Grain Size, FGS:フェライト粒度 Ferrite Grain Size, SR: Stress Relieved/Post Weld Heat Treatment

上記注文品は御指定の規格または仕様に従って製造され、その要求事項を満足していることを証明します。

Y. Funatsu
大分製鐵所厚板管理グループリーダー
GROUP MANAGER
PLATE QUALITY CONTROL DEPT.
OITA WORKS

図-5.5　検査証明書（ミルシート）

(2) 製品

一般に鋼材とは鋼塊，鉄鋼半製品などから需要に合うように形状を加工して得られた鉄鋼の製品群を指し，鉄鋼1次製品ともいう。

鋼材の種類は形状，用途・材質，製法などにより分類される。鋼材の形状は圧延工程を経ることで得られるが，圧延技術の進歩が様々な形状の鋼材を生み

表 -5.1　土木構造物に用いられる鋼材

分類	番号	規格名称	記号
棒鋼・形鋼・鋼板・鋼帯			
構造用	JIS G 3101	一般構造用圧延鋼材	SS
	JIS G 3106	溶接構造用圧延鋼材	SM
	JIS G 3109	PC鋼棒	SBPR, SBPD
	JIS G 3112	鉄筋コンクリート用棒鋼	SR, SD
	JIS G 3114	溶接構造用耐候性熱間圧延鋼材	SMA
	JIS G 3117	鉄筋コンクリート用再生棒鋼	SRR, SDR
	JIS G 3125	高耐候性圧延鋼材	SPA-H, SPA-C
	JIS G 3128	溶接構造用高降伏点鋼板	SHY
	JIS G 3350	一般構造用軽量形鋼	SSC
	JIS G 3353	一般構造用溶接軽量H形鋼	SWH
土木建築用	JIS A 5525	鋼管ぐい	SKK
	JIS A 5526	H形鋼ぐい	SHK
	JIS A 5528	熱間圧延鋼矢板	SY
	JIS A 5530	鋼管矢板	SKY
鋼管			
構造用	JIS G 3444	一般構造用炭素鋼管	STK
	JIS G 3466	一般構造用角形鋼管	STKR
線材			
	JIS G 3502	ピアノ線材	SWRS
	JIS G 3503	被覆アーク溶接棒心線用線材	SWRY
	JIS G 3505	軟鋼線材	SWRM
	JIS G 3506	硬鋼線材	SWRH
	JIS G 3507-1	冷間圧造用炭素鋼-第1部：線材	SWRCH

5.1 鋼の製造と製品　　　151

出した。形状を大きく分類すると鋼板，条鋼，鋼管であり，条鋼はさらに棒鋼，形鋼，軌条，線材などに分類できる。

　JIS は用途別に大分類し，成分などによってさらに小分類して多岐にわたるが，土木構造物に用いられる鋼材は，概ね表 -5.1 の通りである。これらのうち，特によく用いられるものを以下に解説する。

(a)　一般構造用圧延鋼材

　一般構造用圧延鋼材は，土木・建築・船舶・車両・鉄塔などの構造物に対して一般的に広く用いられている鋼材で，JIS G 3101（SS 材）に規定されている。ここで一般構造用と称するのは，ボルト接合などによる構造を指し，この鋼種では構造上主要な部分は溶接接合を避けるようにしている。形鋼の多くはこれである。

(b)　溶接構造用圧延鋼材

　溶接構造用圧延鋼材は，一般構造用圧延鋼材と同様，広く構造用鋼材として用いられ，特に溶接性に優れていることが要求される場合に用いられ，JIS G 3106（SM 材）に規定されている。SS 材と異なり，強度レベルによる分類のほかに，シャルピー試験[注2]による靭性値のレベルで分類される。

(c)　一般構造用炭素鋼管

　一般構造用炭素鋼管は，鋼管の中で構造用として最も一般的に使用されているもので，JIS G 3444（STK 材）に規定されている。STK 材の化学成分，機械的性質は SM 材と同等である。これは鋼管製造工程に溶接工程が入るからである。

(d)　耐候性鋼材

　耐候性鋼材は，大気中における耐食性（耐候性）が優れた鋼材であり，耐候性に効果のあるりん（P），銅（Cu），クロム（Cr）などを添加して製造される。

注2）シャルピー試験：ノッチの入った正四角柱の試験片に，高速で衝撃を与えて試験片を破壊し、これに要したエネルギーと靭性を評価するための衝撃試験である。フランスの技術者ジョルジュ・シャルピーの考案による。

152　　　　　　　　第5章　構造材としての鋼材

耐候性鋼材の錆が徐々に鋼の表面に密着した緻密な錆の層を形成し，この安定錆が保護膜となってその後の錆の進行を抑える。

なお，耐候性鋼材は合金成分を含有していること，また溶接継手部の耐候性を考慮して，その溶接には適切な溶接材料を選択しなければならない。

5.2　鋼の性質

(1)　冶金的性質
(a)　純鉄と炭素鋼

炭素（C），その他の不純物元素が非常に少ない鉄を純鉄といい，これを造ることは難しい。不純物元素の限界についての明確な区分はないが，炭素含有量0.02％程度までを純鉄と称し，電解鉄，アームコ鉄，カーボニル鉄，還元鉄が含まれる。

鉄と炭素の合金で炭素含有量が通常0.02％～約2％の範囲の鋼が炭素鋼である。なお，鋼中には一般に炭素の他，少量のけい素（Si），マンガン（Mn），りん（P），イオウ（S）などの元素が含まれている。これらの元素を鋼中の普通元素といい，精錬過程で不可避的に侵入してくるものである。

便宜上，炭素含有量，または硬さ（強度も含まれる）によって炭素鋼はさらに次のように分類される。

　　　　　　炭素含有量による分類：低炭素鋼（0.3％以下）
　　　　　　　　　　　　　　　　　中炭素鋼（0.3～0.5％）
　　　　　　　　　　　　　　　　　高炭素鋼（0.5～2.0％）
　　　　　　硬さによる分類　　　：極軟鋼、軟鋼、硬鋼

軟鋼におよぼす各元素の影響は以下の通りである。

① 　炭素（C）

　　炭素含有量の増加は引張強さの増加，伸びの減少，硬さの増加であり，溶接性が悪くなり，割れが発生しやすくなる。従って，溶接をする場合には炭素量の低い方がよい。

5.2 鋼の性質

② けい素（Si）

脱酸剤として，0.1 ～ 0.2％のけい素が用いられる。0.2 ～ 0.6％程度では伸びを減少することなく引張強さ，硬さを増す利点があるが，多量になると脆くなる。溶接の場合には含有量が多くなるとピットを発生することがある。

③ マンガン（Mn）

マンガンは脱酸剤として用いられるとともに，イオウの害を除くほか，強さと靭性を増す作用がある。ただし，1.5％以上含有すると伸びは減少の傾向を示し，多量になると割れを生じやすくなり，常温における加工性が悪くなる

④ りん（P）

有害成分であり，多量に含有すると鋼を脆くし，溶接性は著しく悪くなる。普通の鋼では 0.05％以下に制限されている。

⑤ イオウ（S）

イオウは鉄と化合して硫化鉄（FeS）となり，またマンガンと化合して硫化マンガン（MnS）を作る。含有量が多いと硫化物が帯状に存在し，サルファバンドを作り，サルファクラックの原因となる。硫化鉄が融点の低い共晶をつくるので凝固中に結晶粒界[注3]に集まり脆くなる。普通鋼材の場合，イオウの含有量は 0.05％以下に制限される。

(b) 合金鋼

鋼の性質を改善向上させるため，あるいは所定の性質を持たせるために合金金属1種または2種以上含有させた鋼が合金鋼である。特殊元素が鋼に及ぼす影響は以下の通りである。

① ニッケル（Ni）およびクロム（Cr）

共に少量で硬さと強さを増す。大量に用いると耐食性，耐熱性を増大す

注3）結晶粒界：異なる結晶方位をもつ二つの結晶粒を分ける境界

る。両元素の共存によってこれらの性質は相乗的に増加する。

② タングステン（W）

　高温での硬さと強さを著しく増すので，高速度鋼としてバイトなどに用いられる。

③ モリブデン（Mo）

　タングステンと同じような性質を与え，効果はタングステンの約2倍である。

④ バナジウム（V）

　モリブデンの作用と似ており，さらに強力である。通常単独では用いない。

⑤ コバルト（Co）

　ニッケルに似た作用をする。通常単独では用いない。

⑥ アルミニウム（Al）

　鋼表面を窒化して硬化させる。

⑦ チタニウム（Ti）

　アルミニウムに似た作用をする。ステンレス鋼の耐食性をさらに強化する。

⑧ ニオブ（Nb）

　チタニウムと似た作用をし，また鋼に強い靭性を与える。

⑨ 銅（Cu）

　適量含有させることによって，大気中，海水中での耐食性を向上させる。

(c)　変態と熱処理

　温度を上昇，または下降させた場合などに，ある結晶構造から他の結晶構造に変化する現象を変態という。なお，磁気変態のように必ずしも結晶構造の変化を伴わないものもある。

　純鉄の融点は1,528℃で，それ以下の温度では固相であるが，いくつかの同素体を有し，温度によって変態する。

　　　　　　　　～911℃　α鉄（体心立方晶）

911℃〜1,392℃	γ鉄（面心立方晶）
1,392℃〜1,536℃	δ鉄（体心立方晶）
1,536℃〜	液相

　α鉄とγ鉄とは結晶構造の特質から，炭素およびその他の元素の溶解度が大きく異なる。一つの固体に他の元素が均一に溶け込んで生じた単体の固体を固溶体という。α鉄固溶体およびδ鉄固溶体の金属上の名称をフェライトといい，軟らかく粘りのある性質を有する。γ鉄の固溶体につけた組織上の名称をオーステナイトという。

　冷却過程で一つの固溶体から二つ以上の固相が密に混合した組織への変態を共析という。鉄と炭素の化合物で，化学式は近似的に Fe_3C と示される炭化物をセメンタイトといい，硬くて脆い性質を有する。オーステナイトの冷却に際し，共析変態で生じたフェライトとセメンタイトの層状組織をパーライトという。

　一般に鋼と呼ばれるのはオーステナイトからパーライトへの変態を示す炭素量 0.03 〜 1.7％で，熱処理（適当な温度に加熱・冷却）することによって，その組織を変え，所要の性質を付与することが可能で，加工性を上げたり，強度や靭性を高めたり，圧延・鋳造時の残留応力を除去したりする。

①　焼きならし

　　オーステナイト領域までの適当な温度に加熱した後，通常は空気中で冷却する操作を焼きならしといい，前加工の影響を除去し，結晶粒を微細化して，機械的性質を改善する目的で行われる。

②　焼き入れ

　　オーステナイト化温度から急冷して硬化させる操作をいう。必ずしも硬化を目的とせず，単に急速に冷却することもある。なお，オーステナイト状態で圧延を行い，その後，圧延ライン上で直ちに行う焼入れもこれに含み，これを圧延後直接焼入れということがある。

③ 焼きなまし

　適当な温度に加熱し，その温度に保持した後，徐冷する操作を焼きなましといい，残留応力の除去，硬さの低下，被削性の向上，冷間加工性の改善，結晶構造の調整，所要の機械的，物理的またはその他の性質を得る目的で行われる。

④ 焼き戻し

　焼き入れで生じた組織を，変態，または析出を進行させて安定な組織に近づけ，所要の性質及び状態を与えるために，オーステナイト・パーライトの共析変態点温度以下の適当な温度に加熱，冷却する操作を焼き戻しいう。

⑤ 時効

　急冷，冷間圧延などの後，時間の経過に伴い鋼の性質（例えば硬さなど）が変化する現象を時効といい，時効硬化を目的として行う操作の意味で用いることもある。焼入時効，ひずみ時効などがある。また，室温において起こる時効を自然時効，室温以上の適当な温度で加熱したときに起こる時効を人工時効という。

　炭素，窒素などの侵入型固溶元素は常温で固溶される限度が低く，急冷組織は過飽和となって，長時間の経過や低温焼き戻しによって時間と伴に安定な状態に移ろうとすることで生じるが，内部応力が高い状態の鋼も，同様に硬度や降伏点を増し，靭性を低下させる現象を示す（ひずみ時効）。

(2) 機械的性質

材料の外力に対する変形の挙動や破壊形態である機械的性質は，引張りや圧縮といった外力の種類や，静的か動的か，衝撃的か繰り返しかといったその作用形態，また材料の置かれる環境，温度や気中・水中，酸・アルカリなどの雰囲気の組み合わせにより異なる。

(a) 引張強さ

5.2 鋼の性質

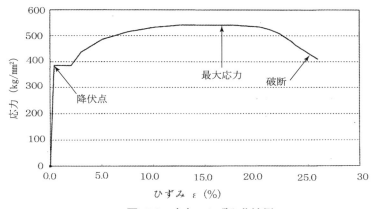

図-5.8 応力－ひずみ曲線例

常温下の静的引張り特性は材料の最も基本的な機械的性質である。材料から試験片を切り出して徐々に引張り，降伏点，耐力，引張り強さ，降伏伸び，破断伸び，絞りなどを測定すると図5.8に示すように，荷重（応力）と伸び（ひずみ）との関係が得られる。応力が小さいとき，応力とひずみとの関係は直線関係にあり，この比例定数がヤング率である。鋼材のヤング率は2.02×10^5(N/mm^2)程度である。

応力が大きくなり，ある点を超えると応力とひずみが比例しなくなる。この点が比例限であり，除荷すれば原点に戻る。さらに応力が大きくなると除荷しても原点に戻らず，ひずみが残留するようになる。この限界を弾性限と呼ぶ。

さらに応力を増加すると，急に応力が低下し，その後が応力はほぼ一定のままひずみだけが増加する。これが降伏である。応力のおどり場をすぎると再び応力は増加し，最大応力点に達し，この時の応力を引張り強さという。その後，試験片はくびれを生じ，見かけの応力も低下して破断に至る。

注4) 調質高張力鋼：焼き入れ焼き戻しを行うことによって高張力鋼としての性質を与えた鋼材

158 　　　　　　第5章　構造材としての鋼材

　なお，調質高張力鋼[注4]の場合，降伏点が明瞭でない場合が多く，この場合には0.2％ひずみとなる耐力をもって降伏点に替える。

　鋼材の機械的性質は温度によって異なり，200〜300℃付近で引張り強さや硬さが常温の場合より増加し，伸び，絞りが減少して脆くなる。この温度範囲で青い酸化皮膜が鋼材の表面に形成されるため，青熱脆性という。温度がさらに上昇すると，強さ，ヤング率は急激に低下し，伸びや絞りは大きくなる。鋼材の使用温度が高い場合や，構造物が車両火災を受け，高温にさらされる可能性がある場合など，何らかの対策が必要となる。

(b)　衝撃強さ

　ほとんど塑性変形を伴わず，破壊までの変形が小さく，破壊の進展が極めて速い破壊形態が脆性破壊である。鋼構造物部材が低温下で切り欠きがあり，衝撃的な荷重を受ける場合などにはぜい性破壊を起す場合があり，鋼材の衝撃強さの判定に，わが国ではVノッチシャルピー衝撃試験が広く用いられてきた。

　シャルピー衝撃試験機と試験片を図-5.9に示す。試験結果は試験片を折断するのに要したエネルギー，あるいはそのエネルギーを試験片切込部の断面積で除した衝撃値で表わし，吸収エネルギーは試験片折断前後のハンマーの位置エネルギーの差から求められる。衝撃値は図-5.10に示すように試験温度によって異なり，ある温度以下になると急激に低下し（この温度を遷移温度という），折断面は延性破面からぜい性破面部分が増え，ある温度以下では全てぜい性破面を呈する。

　鋼構造の加工では冷間曲げ[注5]を行うが，大きな塑性ひずみは時間と共に靭性の低下を招くので，注意が必要である。

(c)　疲れ強さ

　構造物や部材に繰返し荷重が作用すると静的強度より小さい場合でも，荷重

注5）冷間曲げ：常温でプレス、曲げロール、溝形ロールなどによる機械的加圧で鋼板に降伏点以上の曲げひずみを与えて行われる

5.2 鋼の性質

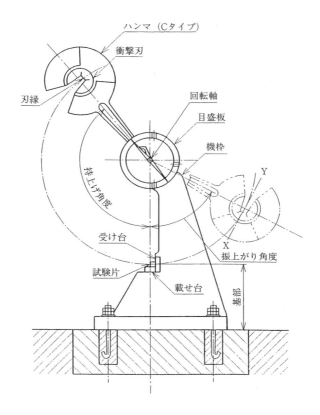

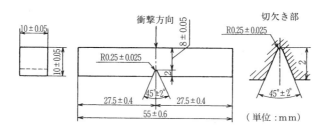

図-5.9　シャルピー衝撃試験機と試験片 [5.2]

第5章 構造材としての鋼材

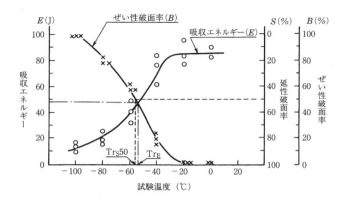

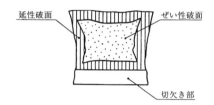

図-5.10 破面遷移温度、およびエネルギー遷移温度[5.2)]

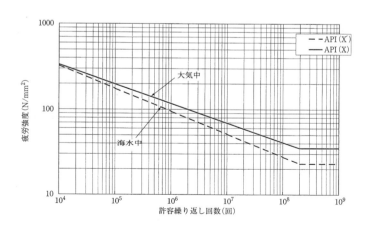

図5.11 S － N 線図

5.2 鋼の性質

の繰返し数を増加していくと，ついには破壊に至ることがあり，これを疲れという。これは部材や材料に繰返し応力が作用すると，ある繰返し回数でその一部に微細な亀裂が生じ，そこに応力集中が起こるため荷重の繰り返しとともにその亀裂は徐々に進展する。亀裂の進展により部材断面は減少し，ついには残余の断面の応力が静的な荷重による引張り強度に達し，この時部材は破壊する。

図-5.11 は繰返し応力（S）と破壊までの繰返し回数（N）との関係を示したもので，応力と繰返し回数を対数目盛で表すと直線関係にあり，これを S-N 線図，あるいはヴェーラー線図ともいう。繰返し応力が小さくなると破壊までの繰返し回数が大きくなり，ある応力以下では無限回数の繰返しに耐える応力の上限値があり，これを疲労限度，あるいは耐久限度ともいう。

(d) クリープとリラクゼーション

材料に一定の荷重，または応力を加えたまま保持すると，時間の経過とともに変形，またはひずみが進行する現象がクリープである。また，これとは逆に，ある応力を付加された部材を一定のひずみを与えておくと，時間の経過とともに応力が減少する現象がリラクゼーションである。

鋼材のクリープの程度は載荷中の温度と応力が大きな影響を及ぼすが，土木材料として用いられる鋼材は，一般的には常温下・許容応力度以下であり，クリープが問題となることはほとんどなく，また同様にリラクゼーションの影響も無視できる。ただし，高い応力の作用する PC 鋼材の場合には，載荷直後のリラクゼーションが大きく，この影響を考慮する必要が生じる。

(e) 遅れ破壊

遅れ破壊は環境によるぜい化現象であり，静的な引張応力の作用時に，ある時間を経過した後に突然破壊する現象であり，破面はぜい性的様相を呈し，高強度低延性材料ほど発生しやすい。

PC 鋼材や高力ボルトで注意すべき問題である。遅れ破壊の原因は，鋼中の既存水素，あるいは腐食反応によって発生した水素の一部が鋼中に侵入して生じる水素ぜい化による。

(3) 腐食

酸化物である鉄鉱石を還元して製造される鋼材は，放置すれば安定した元の状態に戻ろうとする。これがいわゆる「鉄の腐食」である。鋼材の腐食は鋼材を取り囲む環境に大きく影響を受けるが，自然環境下にある土木構造物の腐食環境を分類すると，①大気腐食，②淡水中腐食，③海水腐食，④土壌腐食に分類されよう。なお，この他に水分の存在する場合に漏洩電流による電気化学的腐食（電食）がある。

鋼は合金元素の添加によって耐食性能を上げることができ，クロム（Cr），ニッケル（Ni）を多量に添加したステンレス鋼は高価で，構造物の腐食の激しい箇所に限定的に用いられるが，構造用としては安価なりん（P）、クロム（Cr）、けい素（Si）などを添加した耐候性鋼が用いられる。一方，海水中を含めた海洋環境は，鋼にとって最も過酷な腐食環境の一つであり，鋼材の防食対策は必須である。

5.3　鋼の構造物の製作・施工

鋼材は生産量が豊富で供給も安定しており，他の材料と比較して強度当たりの価格が安価である。また用途に応じて種々の特性を付与することも容易であり，品質は一定で加工性に優れるなど，構造材料として最も信頼性の高いことから，様々な土木構造物に用いられている。

鋼材を用いた土木構造物は，鋼材を工場に持込み，加工・溶接組立てを行って鋼構造物を製作，これを建設現場に運搬・据付けるものと，用途別の種々の鋼材を，若干の加工を施すものも含め，施工現場で部材として構造物を構築するものとに大別できよう。

前者の工場で鋼構造物を製作するものは，橋梁，海洋構造物，鉄塔，水門および水圧鉄管，タンク，パイプラインなどからなるエネルギー施設など多岐にわたる。また，後者の部材として施工されるものには，鉄筋コンクリート構造物の他にも，鋼くい，鋼矢板，レール，架設材など様々なものがある。

5.3　鋼の構造物の製作・施工　163

(1)　工場製作

工場製作される構造物の代表的なものは鋼橋であるが，その他の海洋構造物なども鋼構造物の部分はほぼ同じように以下に示す手順で製作される。

(a)　原寸・罫書

原尺で図面を描く作業で，かつては図学的に描かれていたが，現在ではCAD の導入で，原寸工程の作業は机上に代わった。加工・組立を行うために原寸工程で作成されたデータをもとに，鋼板表面に切断線や孔位置など転記して，切断・曲げ・孔明け・組立の工程作業を指示する。

(b)　加工

イ．切断

ガス切断は鋼材と酸素切断気流との酸化反応によって鋼材を切断するもので，800 ～ 900℃の表面温度に予熱して，高純度の高圧酸素を吹付けて酸化反応によって切断する。予熱用ガスはアセチレンガスが多く用いられる。

ガス切断面の熱影響は，材質や切断条件によって異なり，高張力鋼の切断では切断面の硬化対策の配慮が必要であるが，一般の軟鋼では硬化が少なく，最も一般的に用いられている。

ロ．曲げ

弾性限界を超えた変形を与えて必要な形状を得る塑性加工であり，常温で機械的に曲げる冷間曲げ，高温で機械的に曲げる熱間曲げ，炎加熱曲げがある。いずれも塑性加工であり，材質に何らかの変化を生ずるので，鋼種に留意し，適用を誤らずに加工しなければならない。

①　冷間曲げ加工

冷間曲げ加工は，プレス，曲げロール，溝形ロールなどの機械的加圧により鋼材に降伏点以上の曲げひずみを与えて加工する。板厚に対して曲げ半径が小さいと鋼板表面の曲げひずみは大きくなるので，表面ひずみをどこまで許容するかによって曲げ加工半径は制約を受ける。この許容ひずみは鋼種などによって異なるばかりでなく，鋼材の使用環境も考慮する必要がある。

② 熱間曲げ加工

鋼材を加熱炉，またはガスバーナーなどにより赤熱状態で曲げ加工する。高温時の鋼の降伏点低下により変形能が大きくなることを利用するもので，加工硬化を起こさぬ利点があり，冷間曲げより大きな曲げひずみを与えることが出来る。ただし，高温加熱は材質に注意しなければならない。特に調質高張力鋼は，その製造工程で焼入れ，焼き戻し操作により必要な性質を付与しているので，焼き戻し温度以上に加熱すると調質効果を失う恐れがある。

③ 炎加熱曲げ

機械的な加工ではなく，局部的に加熱冷却して曲げ加工するものであり，曲がったものを矯正する手段としても用いられている。炎加熱曲げはガス切断や溶接同様，鋼材に加熱冷却を行うので鋼の材質変化と残留応力の発生を伴い，局部的であるが温度管理に注意が必要となる。

(c) 組立溶接

鋼構造物はボルト接合（機械的接合）か，溶接接合（冶金的接合）によって接合される。特に溶接は工場製作の鋼構造の不可欠な接合手段であり，アーク溶接法は最も一般的な方法である。アーク溶接とは図-5.12に示すように溶接

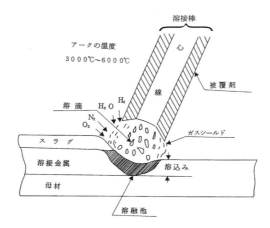

図-5.12 アーク溶接

5.3 鋼の構造物の製作・施工

棒を電極として，母材との間にアークを通じて電流を流し，その電流により発生する熱により溶接棒，および母材を溶融して接合するもので，瞬間的な製鋼ともいえる。ごく短い時間に加熱されて溶融し，かつ冷却されるので溶接部，および加熱された周辺には複雑な現象が生じる。

溶接性とは溶接の難易を表す工作上の溶接性と接合された溶接継手が使用目的に十分耐えられるかという仕様性能に関する溶接性とに分けられる。

前者では溶融金属，および熱影響部の高温，および低温割れを始め，ブローホール[注6]，スラグ巻込み[注7]，溶接部の形状や外観不良などを考慮しなければならない。

また，後者では母材，および溶接部の機械的性質，延性，切欠き靭性の他，その利用目的に応じて，疲れ強さ，高温強度，耐食性などが要求される。

溶接による欠陥は所定の試験方法を用いて検出し，合否判定を行って品質確認を行う。溶接欠陥は表面欠陥と内部欠陥とに分けられる。前者の表面欠陥には溶接ビードの寸法不良（のど厚[注8]不足、のど厚過大、脚長不足），アンダーカット，オーバーラップ，割れなどがある。これらは表面の目視検査，磁粉探傷検査（JIS G 0565），浸透探傷検査（JIS Z 2343）などによって検出，判定される。後者の内部欠陥には溶込み不良，融合不良，ブローホール，スラグ巻込み，割れなどがある。これらは非破壊検査である放射線透過試験（JIS Z 3104），超音波探傷試験（JIS Z 3060）などによって検出，判定される。

注6）ブローホール：アーク溶接の溶接部の内部欠陥の一つで、溶着金属（溶加材から溶接部に移行した金属）の中に発生する球状の空洞（気孔）

注7）スラグ巻込み：アーク溶接の溶接部の内部欠陥の一つで、溶融スラグ（溶接部に生じる非金属物質）が浮上せずに溶着金属（溶加材から溶接部に移行した金属）の中、あるいは母材との融合部にスラグが残ることによる溶接欠陥をいう

注8）のど厚：溶接棒が溶け込んだ溶着金属の盛り上がりの部分を除いた溶接断面の厚さ

第5章　構造材としての鋼材

166

┌───┐

トピックス　　　　　　**大入熱溶接**

　金属材料は，小さな粒子を数多く分散させるほど強度や靭性が上がるなど良い特性が現れる。結晶の集合体である鋼材でも，この結晶粒の大きさが鋼材の特性に大きな影響を及ぼす。加熱により結晶粒は大きくなるが，鉄の溶融温度に近い 1,400℃の超高温に長時間置かれると，結晶粒は急激に成長する。

　鋼材を溶接する際に課題となるのは、溶接部に近い熱影響部（HAZ）である。溶接によって厚鋼板が 1,400℃以上の高温状態で数十秒間加熱されると HAZ の金属組織が肥大化して靭性が低下する。

　このため構造物の安全性や信頼性を重視する場合には，能率の高い「大入熱溶接」ではなく，少しずつ溶接を積み上げる「小入熱溶接」が行われてきた。しかし，この方法では，板厚が大きくなるほど何度も溶接作業が必要になり，能率の低下は避けられず，橋梁，海洋構造物，パイプライン，船舶，高層ビルなど溶接構造物の大型化に伴い，能率の高い「大入熱溶接」が可能な，厚鋼板の開発が強く求められてきた。

　近年，結晶粒の粗大化を防ぐために酸化物や硫化物のナノ粒子を数多く分散させ結晶粒の成長を抑止する技術が確立され，大入熱溶接でも溶接部の靭性を保つ厚板の製造技術として結実した。このため鋼構造物の溶接能率と安全性が飛躍的に向上している。

└───┘

(d)　出荷・輸送

　鋼構造物は必要に応じて，仮組立を行い寸法精度などの検査や，あるいは塗装などの防錆処理を施して工場から出荷・輸送される。

　トラック輸送は最も一般的な輸送方法であり，内陸部の橋梁などは現地までトラック輸送され架設される。一方，海上の橋梁や海洋構造物のように海上輸送が可能な場合は，構造物のブロック寸法や重量の制約はトラック輸送と比較にならないほど大きくできる。出荷や架設には図-5.14 に示すように大型のフローティングクレーンが用いられ，架設現場の大幅な工期短縮を可能にする大

図-5.14 フローティングクレーンによる橋の架設[5.3]

図-5.15 プラットフォーム用ジャケット構造物（約15,000 t）の出荷

図-5.16 鋼コンクリートサンドイッチ合成構造沈埋函鋼殻の台船輸送[5.3]

ブロック工法が採用される。特に海洋構造物の場合には，過酷な施工環境から現地工期を最短にすることを優先して大ブロック化し，図-5.15に示すようなスキッドアウトと呼ばれる方法でロッカーアーム付のロンチングバージ上に引出して輸送し，現地でもバージ上からクレーンを使わずにウィンチで進水させるなどの工夫をしている。

海上輸送には1,000 t 程度までの鋼船（自航船）から，数千〜数万 t の台船（非自航船）まで用いられる。図-5.16は海底トンネルに用いる鋼コンクリートサンドイッチ合成構造の沈埋函の鋼殻で，複鉄筋断面のコンクリート構造物に代わり，鉄筋のみならず型枠，支保工を鋼殻ですべて代替した重量約 3,500 t の鋼殻は 24,000DWT の半潜水式台船によって輸送され，現地で台船を沈めて進水させ，浮上状態でコンクリートを施工して，3万 t の沈埋函となった。

(2) 鋼材を用いた工法
(a) 鋼くい工法

杭基礎には木ぐい，コンクリートぐいなどもあるが，橋梁，港湾施設などの土木構造物やビルなど建築基礎構造物の大型化にともない，杭に作用する荷重が大きくなり，杭材料の強度や打込み性能，急速施工が可能で基礎工の工期短縮が可能なことから鋼管，もしくはH形鋼の鋼くい工法が開発され普及した。

鋼ぐいは材料の強度が大きいので，強力な打撃力による打込みでも材料破損の恐れが少なく貫入性能に優れ，より深い軟弱地盤や硬質地盤への施工が可能になった。剛性が大きい鋼管ぐいでは最高100 m程度までの長尺製品が工場から供給可能であり，さらに長い杭が必要であれば，現場で溶接によって継ぎ足して数100 mの杭でも施工される。騒音問題のない海上ではディーゼルハンマーによる打撃工法が一般的であるが，打撃工法の使えない都市内でも，建設残土対策から，図-5.17のように杭先端を加工して，排土のほとんどない回転圧入工法が開発されるなど，利用範囲が広がっている。

図-5.17　鋼管杭の回転圧入工法[5.4]

また，桟橋などの港湾構造物向けには腐食環境の厳しい干満帯や飛沫帯の防食用にポリエチレンやウレタンエラストマー[注9]を鋼面に被覆した杭や，圧密沈下層が深い場合でも，特殊な瀝青材料を鋼管杭の表面に塗布し，すべり層のせん断変形により，鋼管杭に伝達されるネガティブフリクション[注10]を大幅に低減できるネガティブフリクション対策鋼管杭などが開発され実用化されている。

(b) 鋼矢板工法

土中，または水中に土留め，締切りなどを目的として，図-5.18 に示すように壁体を形成するもので，河川・埋立地の護岸や港湾・漁港の岸壁など，本体工・仮設工共に広く用いられている。鋼矢板の形状には U 形，Z 形，直線形があり，いずれも継手は十分な施工性と止水性という相反する機能と強度を持っている。

また，構造物の大型化，大水深化や支持層の深い軟弱地盤などの建設工事の増加にともない，鋼矢板より断面係数の大きい鋼管矢板も多く用いられている。

図-5.18　鋼矢板 [5.5]

(c) その他

鉄道のレールや，道路施設ではガードフェンス，ロードルーバー，照明柱などの他，落石防護柵や防雪工に，トンネルではセグメント[注11]に，水門や水門

注9）ウレタンエラストマー：elastic と polymer を組み合わせた造語であるエラストマーはゴム状の弾力性を有する工業用材料の総称である。ウレタンエラストマーは2つの原料を混合し反応熱によって生成され，熱硬化型である。

注10）ネガティブフリクション：弱地盤に打設した支持杭で杭周辺が地盤沈下する時に杭にかかる下向きの負の摩擦力

注11）セグメント：分割されたリング状の形状のパネルでシールドトンネルの壁に用いられる。

170　　　　　　　　　第5章　構造材としての鋼材

鉄管，鉄塔，架設材としては支保工や鋼製型枠などに用いられている。

5.4　鋼の構造物の防食

鋼構造物の耐久性には，疲労，摩耗，耐火性などもあるが，鋼が決して避けられないものに腐食がある。杭基礎など裸材で使用される鋼材も比較的多いが，一般的には防錆処理を施さなければ鋼は構造物としての機能を維持できない。鋼の防食方法は被覆防食と電気防食とに大別される。

(1)　被覆防食工法

被覆防食は環境遮断性を有する材料によって鋼材を覆う工法であり，金属被覆と非金属被覆とがある。金属被覆は鋼の表面をより耐食性に優れた金属，または合金で被覆するもので，代表的なものがメッキである。メッキ方法も電気メッキ，化学メッキ，溶融メッキがあるが、溶融亜鉛メッキ[注12] がよく用いられる。

また金属溶射では亜鉛，アルミニウムの溶射が用いられる。ただし，海洋環境でも干満帯や飛沫帯の最も過酷な腐食環境では，長期防食効果を期待することは難しく，この場合には，チタン，耐海水性ステンレス鋼などの耐食性金属を巻き付けたり，これらのクラッド鋼が用いられる。ここでクラッドとは，ある金属を他の金属で全面にわたり被覆し，かつ，その境界面が金属組織的に接合しているものをいい，クラッド鋼は鋼材を被覆される母材としたクラッドで，圧延法や爆発圧着法などにより製造される。

非金属被覆には塗装やライニングがある。これらは初期コストが比較的安価であり，鋼管の継手や複雑な形状部への施工も容易な優れた防食法として一般的に適用されているが，有機材料は経年劣化や衝突物による損傷が避けられな

注12)溶融亜鉛メッキ：溶融状態の金属亜鉛(融点約430℃)の浴槽に鋼材を浸漬させ、表面張力により鋼材表面に亜鉛を付着させるメッキ法

いため，供用期間が長くなるとメンテナンスに多大のコストが必要になる。

耐食性金属ライニングは，材料費を含めた施工コストが塗装や有機ライニングに比べて格段に高いが，非金属被覆材料の経年劣化もほとんどなく，耐衝撃性に優れるので，耐用年数の長期化とメンテナンス費用の低減が期待でき，ライフサイクルコストに優れ，メンテナンスの困難な海洋環境下の重要構造物へ適用されている。図-5.19 はアクアラインの海上橋脚で，スプラッシュゾーンにチタンクラッド鋼が使われている。また，図-5.20 はスプラッシュゾーンに

図-5.19 チタンクラッド鋼ライニング（アクアライン橋脚）[5.4]

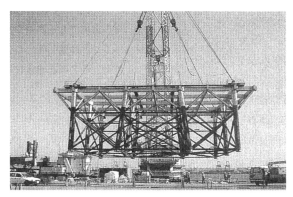

図-5.20 耐海水性ステンレスライニングされたジャケット式桟橋（東京港大井ふ頭コンテナバース）[5.6]

耐海水性ステンレスライニングが施された桟橋で，超長期の耐久性と経済性に優れるこの工法は，羽田空港D滑走路桟橋部に大量に使われた。

(2) 電気防食工法

電気防食工法は被防食体をカソード分極させて電気化学的に陰極防食領域にする工法である。簡単で効果が確実なことから電解質溶液に接する鋼材の防食工法として海洋構造物，パイプライン，船舶など広く用いられている他，近年鉄筋コンクリート構造物の鉄筋の腐食対策にも用いられている。

電気防食には給電方法によって，流電陽極方式と外部電源方式の2つの方法がある（トピックス：コンクリート中鉄筋の電気防食，P.122参照）。前者は海水中および海底土中の，たとえば鋼管杭や鋼矢板などの被防食体よりも低い電位の金属，鋼に対してはアルミニウムや亜鉛を陽極とする。現在は高性能のアルミニウム合金陽極による流電陽極方式が主流で，維持管理や経済性の面からも優れている。図-5.21は沈埋函鋼殻への陽極の取付状況を示している。

後者は海水中に不溶性電極を設置して，外部電源から被防食体に直流の防食電流を流して防食する方法であるが，電力費と長期のメンテナンスを必要とす

図-5.21　アルミニウム合金陽極（那覇港トンネル沈埋函）

ることから，特殊な環境を除き，前者が普及している。

まとめ

① 鉄の製造工程が述べられ，鉄鉱石の還元による銑鉄の製造と不純物などの石灰岩との化合によるスラグの生成が示されている。

② 鋼材は圧延などの工程を経て，土木構造物に用いられる鋼材としては，一般構造用圧延鋼材，溶接構造用圧延鋼材，一般構造用炭素鋼管，耐候性鋼材などがある。

③ 一般に使用される鋼材は鉄と炭素の合金で，炭素量が $0.02 \sim$ 約 2% の鋼が炭素鋼である。

④ 鋼材の機械的性質では引張り特性が最も基本的な性状であり，応力がある範囲以下では応力とひずみは直線関係にあり，このときの比例定数がヤング率である。鋼材のヤング率は 2×10^5 N/mm^2 程度で常温では鋼材の強度にほとんど左右されない。

⑤ 鋼材の耐食性を高めるために合金元素を添加することが有効であって，ステンレス鋼，耐候性鋼などがある。

⑥ 鋼材は生産量が豊富で供給も安定しており，品質の信頼性も高く各種の土木構造物に適用されている。工場で製作し現場に搬入する構造物・部材（橋梁など），構造物の部材として現場施工されるもの（鉄筋コンクリート構造物，鋼くいなど）など，多岐にわたる。

⑦ 鋼の防食方法としては，被覆防食工法と電気防食がある。被覆防食工法は鋼材表面を耐食性の優れた材料で覆い，電気防食では鋼を外部電極などから電流を印可して防食する，あるいは，鋼の近辺に犠牲電極を配置して防食する方法である。

引用・参考文献

5.1) 新日本製鐵：マニュアルレポート　2004

5.2) 日本規格協会：ＪＩＳハンドブック鉄鋼

5.3) 新日本製鐵：若松鉄構海洋センターパンフレット

5.4) 新日本製鐵：新日本製鐵の建材商品カタタログ

5.5) 新日本製鐵：土木建材製品カタタログ

5.6) 新日本製鐵：ジャケット式桟橋パンフレット

第6章
舗装材料としてのアスファルトの利用

　アスファルト材料のほとんどは道路や空港のアスファルト舗装の表層・基層および上層路盤の瀝青安定処理工法[注1)]のアスコンに用いられる。

　通常の道路用アスファルト舗装の構成層の名称を図-6.1に示す。

　道路舗装にはアスファルト舗装とコンクリート舗装がある。わが国の舗装は約95％がアスファルト舗装で，図-6.1の構成の舗装は約30％程度で，残りの約70％は基層がなく，粒状路盤層上に2.5〜4cm厚程度のアスコン層や表

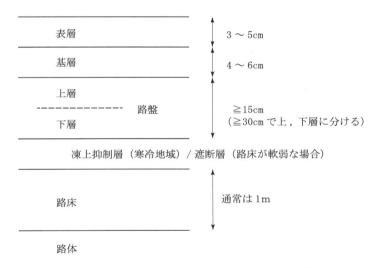

図-6.1　アスファルト舗装の構成層とその名称

注1) 瀝青安定処理工法：砕石，砂等の骨材をアスファルト乳剤(常温式)やアスファルト(加熱式)と混合し，所定の特性を得られるようにして上層路盤に用いる工法をいう。

176 　第 6 章　舗装材料としてのアスファルトの利用

面処理などを表層とした簡易な舗装である。一方，コンクリート舗装は図 -6.1
の表層・基層分を 15 ～ 30cm 厚のコンクリート版としたもので，約 5 ％の舗
装割合である。また，民間の空港では滑走路と誘導路にはアスファルト舗装が，
エプロンにはコンクリート舗装が用いられている。

6.1　アスファルトコンクリートの種類

(1)　アスコンの種類 [6.1]

　年間 5 千万 t が製造されるアスコンの種類は舗設される層の位置，その一
層の厚さ，骨材の粒度（粗骨材の最大粒径，2.36mm ふるい通過質量の多少，
粒度の連続とギャップ型）およびアスファルト量とによって分類される。　表
-6.1 に通常のアスコンの種類とその配合を示す。表中の①粗粒度アスコンと⑫
グースアスファルトは基層用で，②～⑪は表層用のアスコンである。使用材料
の割合は，表 -6.1 より粗骨材が 20 ～ 85 ％，細骨材が 6 ～ 50 ％，フィラーが

表 -6.1　加熱アス

N o.	①	②		③	④	⑤
混合物の種類	粗粒度アスコン	密粒度アスコン		細粒度アスコン	密粒度ギャップアスコン	密粒度ア
	(20)	(20)	(13)	(13)	(13)	(20F)
仕上がり厚 (cm)	4～6	4～6	3～5	3～5	3～5	4～6
最大粒径 (mm)	20	20	13	13	13	20
通貨質量百分率（%） 26.5mm	100	100				100
19	95～100	95～100	100	100	100	95～100
13.2	70～90	75～90	95～100	95～100	95～100	75～95
4.75	35～55	45～65	55～70	65～80	35～55	52～72
2.36	20～35	35～50		50～65	30～45	40～60
0.6	11～23	18～30		25～40	20～40	25～45
0.3	5～16	10～21		12～27	15～30	16～33
0.15	4～12	6～16		8～20	5～15	8～21
0.075	2～7	4～8		4～10	4～10	6～11
アスファルト量（%）	4.5～6	5～7		6～8	4.5～6.5	6～8

$2 \sim 13\%$，アスファルト量は $3.5 \sim 9.5\%$ と，その種類により広範囲の構成割合となっている。

これらアスコンの種類の使い分けは，地域 (一般，積雪寒冷地)，必要な舗装の特性 (耐流動性，耐摩耗性，すべり抵抗性，耐水性，耐ひび割れ性)，箇所 (橋面，急勾配，沿道環境への配慮) および舗設機械の能力などによる。

また，アスコンは，その製造，施工温度により一般的な加熱アスコン (Hot) に対し中温アスコン (Warm) と常温アスコン (Cold)[6.2] とがある。

中温アスコンは，加熱アスコンの製造，舗設時の温度を各々 $30 \sim 50℃$ 程度低減したものである。アスコンの製造に使用するアスファルトの温度〜粘度の関係を改善できるような発泡系，あるいは粘弾性調整系の添加剤を混和して高温におけるアスファルトの粘度を低下させている。アスファルトプラントでドライヤの骨材加熱時の重油使用量が少なく，発生する CO_2 量を 15% 以上低減できるので，低炭素アスコンとも称される。

常温アスコンは，骨材を乾燥・加熱せずに，アスファルトの代わりに混合用

コンの種類と配合

スコン	⑥ 細粒度 ギャップ アスコン	⑦ 細粒度 アスコン	⑧ 密粒度 ギャップ アスコン	⑨ 開粒度 アスコン	⑩ ポーラス アスコン	⑪ 砕石マス チック	⑫ グースアス ファルト
(13F)	(13F)	(13F)	(13F)	(13F)	(13)	(13)	(13)
$3 \sim 5$	$3 \sim 5$	$3 \sim 4$	$3 \sim 5$	$3 \sim 4$	$4 \sim 5$	$4 \sim 5$	$3.5 \sim 5$
13	13	13	13	13	13	13	13
100							
100	100	100	100	100	100	100	100
$95 \sim 100$	$95 \sim 100$	$95 \sim 100$	$95 \sim 100$	$95 \sim 100$	$95 \sim 100$	$95 \sim 100$	$95 \sim 100$
	$60 \sim 80$	$75 \sim 90$	$45 \sim 65$	$23 \sim 45$	$11 \sim 35$	$30 \sim 50$	$65 \sim 85$
	$45 \sim 65$	$65 \sim 80$	$30 \sim 45$	$15 \sim 30$	$10 \sim 20$	$20 \sim 35$	$45 \sim 62$
	$40 \sim 60$	$40 \sim 65$	$25 \sim 40$	$8 \sim 20$			
	$20 \sim 45$	$20 \sim 45$	$20 \sim 40$	$4 \sim 15$			
	$10 \sim 25$	$15 \sim 30$	$10 \sim 25$	$4 \sim 10$			
	$8 \sim 13$	$8 \sim 15$	$8 \sim 12$	$2 \sim 7$	$3 \sim 7$	$8 \sim 13$	$20 \sim 27$
	$6 \sim 8$	$7.5 \sim 9.5$	$5.5 \sim 7.5$	$3.5 \sim 5.5$	$4 \sim 6$	$6 \sim 8$	$7 \sim 10$

アスファルト乳剤を使って常温で製造，施工されるものである。中温アスコンと同様，CO_2 量の発生量が 50％以上低減できる。両者とも製造，施工のプロセスは後述する加熱アスコンと同様であり，地球温暖化対策に有効である。

中温アスコンは舗設後に加熱アスコンと同等の特性のものが得られるが，常温アスコンは同一の特性が得られないので，軽交通道路の舗装の表層や路盤層に限定しての使用である。

(2) 加熱アスコンの特性値

アスコンの特性値は，その種類の名称に加えて，アスファルト量 A，理論最大密度 D，実際密度 d，空隙率 v，飽和度 V_{FA}，骨材間隙率 V_{MA} の特性値をもって示される（力学特性のマーシャル安定度とフロー値[注2)]などもある）。これらの特性値は，締固まったアスコンを模型的に図 -6.2 のように示すと，表

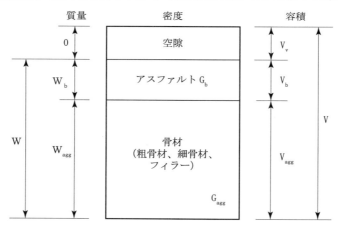

図 -6.2　アスコンの模型図

注 2) マーシャル安定度，フロー値：アスコンの配合を決定するために行う試験の測定値。試験方法は直径約 10.2cm，高さ約 6.3cm の円筒供試体を使用し，円筒状供試体をねかせた状態で荷重をかけ，供試体が破壊するまでに示した最大荷重 (マーシャル安定度) と，その時の変形量 (フロー値) である。

6.1 アスファルトコンクリートの種類

-6.2 のように定義される。（これらの特性値は土質の場合と対比すると理解しやすい。アスファルト量は含水率に，理論最大密度は土の突き固め曲線におけるゼロ空隙の密度に，実際密度は単位体積質量または湿潤密度に，空隙率は空気間隙率に，飽和度は飽和度，骨材間隙率は間隙率にそれぞれ相当する。）

表 -6.2　アスコンの特性値の定義

$$A = W_b / W \times 100 \ (\%)$$

$$D = \frac{W}{V_b + V_{agg}} = \frac{W}{W_b/G_b + (W - W_b)/G_{agg}} \ (g/cm^3)$$

$$d = W/V \ (g/cm^3)$$

$$v = V_v / V \times 100 = 100(1 - d/D) \ (\%)$$

$$V_{FA} = \frac{V_b}{V_v + V_b} \times 100 \ (\%)$$

$$V_{MF} = \frac{V - V_{agg}}{V} \times 100 = \frac{V_v + V_b}{V} \times 100 \ (\%)$$

上式の d と G_{agg} は以下にて求める。

$$d = \frac{W_c}{W_c - W_w} \ \gamma_w$$

ここで、W_c：加熱アスコンの空中重量（g）

W_w：加熱アスコンの水中重量（g）

γ_w：水の密度、通常 $1 (g/cm^3)$

としている。

$$G_{agg} = \frac{100}{(W_1/G_1) + (W_2/G_2) + \cdots + W_n/G_n}$$

ここで W_1，W_2，$\cdots W_n$：各骨材の配合比率

$(W_1 + W_2 + \cdots + W_n) = 100 \ (\%)$

G_1，G_2，$\cdots G_n$：各骨材の密度

G_b：アスファルトの密度、通常 $1.02 (g/cm^3)$ としている。

180　　第 6 章　舗装材料としてのアスファルトの利用

トピックス　　舗装と火傷

　アスファルト舗装の表面付近の温度は気温と緯度に関係し、高温時はおおむね最高気温プラス 25℃となる。夏季の気温 35℃以上が観測されることが地球温暖化現象もあって珍しくなくなってきている。この場合、舗装温度は 60℃以上となっている。5 秒程度の指触時間で火傷を負うので転んで手を突くさいには注意が必要である。（なお、低温時の舗装体温度は気温の 9 割程度である。）

　そして通常のストレートアスファルトが固体から液状に変換する温度を示す軟化点は 55℃以下なので、大きな荷重がかかると変形しやすくなる。この変形の累積で生じるわだち掘れを軽減するには、改質アスファルトとして軟化点がその舗装体温度以上となるものを使用するのが望ましい。

　こうするとアスコンが高温でも弾性体として扱え、この結果、舗装構造の設計に多層弾性計算が可能となる。

6.2　アスファルトコンクリートの特性

　アスコンは凝集力の小さい有機高分子材料のアスファルトと，無機鉱物質の骨材とが結合した複合材料である。アスコンはアスファルトと同様に，温度と載荷時間の変化によって複雑なレオロジー的挙動を示す。物理特性の力学特性は舗装などの構造設計に用いられる。通常の理論設計には多層弾性体のモデルが汎用されているので，これに関連した特性を示す。また，舗装の適用場所によっては化学特性も要求されるので耐久性なども含めて示す。

(1)　物理特性 [6.3]
　アスコンの破壊特性は一回載荷，繰返し載荷およびクリープでの破壊とで異なった値を示す。

6.2 アスファルトコンクリートの特性

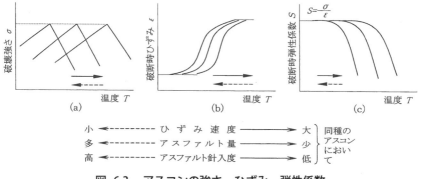

図-6.3 アスコンの強さ，ひずみ，弾性係数

一回載荷の破壊は曲げ，圧縮，引張りなどの強さσ（ひずみε，弾性係数S）で表わされる。図-6.3に一般的な特性を示す。

図-6.3は温度Tと載荷速度，そしてアスファルト量とその質で特性値が

> **トピックス　　路床の意味**
>
> 　路床は舗装を支持するための舗装下面から約1mの均一な性質を持った土の層を言い、床として拡がりと平坦面を提供する役割がある。また、舗装路面の平坦性維持の床の任務がある。
>
> 　床は家の中で地面より一段高くその上に畳や絨毯を敷き人が起居する面で、この意を道路に援用したと考えられている。（鉄道では道床と称されている）
>
> 　路床内の支持特性に差があっても交通荷重を支持し、舗装された状態での路床面上の輪荷重は10％（下面では5％）以下に分散される。このように分散、低減した応力となっても路床のＣＢＲや含水状態の変化、そして路床下の路体の性状に起因する不均等（片切り、片盛り部；切土、盛土接続部；構造物との接続部）に対しても耐久的な路床が要求される。
>
> 　このように路床は舗装において重要な役割を担っている。なお、英語はsubgradeであるが、一般用語としては出てこない単語である。

変化することを示している。最大強さは，圧縮強さ35MPa程度，曲げ強さ12MPa程度，引張強さ5MPa程度であり，ひずみは上限$(2 \sim 5) \times 10^{-2}$，下限$(1 \sim 2) \times 10^{-3}$程度である。したがって，弾性係数は700 〜 35,000MPa(圧縮)となる。

疲労破壊は，繰返し載荷の載荷時の温度，速度および載荷間隔によって破壊に至る回数は異なる。この破壊回数も一定応力度か一定ひずみを与えるかの載荷条件によって異なる特性を示す。通常，アスコンの疲労破壊は引張ひずみとアスコンの特性値を含んだ下記の式で示される[6.4]。

$$N = 8.108 \times 10^{M-3} / \varepsilon_t^{3.291} \times S^{0.854}$$

ここで，N: 破壊回教

ε_t: アスコンの下面の引張ひずみ

S: アスコンの弾性係数 (kg/cm^2)

M: アスコンの空隙率 (v) とアスファルト量 (A) の関数で

$M = 4.84[A/(v + A) - 0.69]$ である。

なお，常数8.108はストレートアスファルトを使用したアスコンの場合で，改質アスファルトを使用したアスコンでは，これより大きな値である。

クリープ破壊は長時間にわたってアスコンに外力が加わり変形し，ひび割れが発生する現象である。この現象は，水利構造物，自転車競技場や自動車テストコースのバンク部などの舗装にみられる。クリープ破壊はクリープ試験で得られる。応力0での破壊では，その破断ひずみは6×10^{-2}程度である。

また，ポアソン比は0.35程度，線膨張係数はアスコンの種類により多少異なるが$1 \times 10^{-6}/℃$程度とされている。

(2) 化学特性

アスコンは，その結合材であるアスファルトの精製過程からして油に対しては溶解して，アスファルトを除いた構成材料に戻るが，各種の酸に対しては優れた抵抗性を有する。また，冬季の路面凍結時の融氷剤に対しても耐久性がある。その耐久性は融氷剤の種類によって異なり，エチレングリコールや尿酸な

どに対して火成岩系の砕石を使用した場合は，砕石が膨潤，崩壊するポップ・アウト現象 (舗装路面から砕石が抜け出し，小穴ができる状態) もみられるが，酢酸系や塩化カルシウムに対しては砕石も含めて耐久性を示す。

(3) その他の特性

耐火性は車両事故などで生じた火災により，アスファルトの引火点 (通常260℃以上) 以上の熱を受けても炎上はしないが炭化する。事故後のアスコン表層はわずかの力で崩れる状態となる。

透水性は，アスコンの種類，特に特性値の空隙率によって異なり透水する 1×100cm/s から不透水性の 1×10^{-8}cm/s 以下までの広範囲にあり，アスコンの種類を変えることで必要な特性を持たせている。透水性はポーラスアスコン，不透水性はグースアスファルトやマスチックアスファルトが該当し，通常の密粒度アスコンは $1 \times (10^{-5} \sim 10^{-6})$ cm/s 程度である。

6.3　アスファルトコンクリートの施工

アスコンはアスファルトプラントで製造され，ダンプトラックで現場に運搬し，アスファルトフィニッシャで敷均しし，ローラで転圧，仕上げを行う。

(1)　製　造

アスファルトプラントで骨材を加熱して乾燥し，これに加熱溶融したアスファルトを混合して加熱アスコンを製造する。製造能力は時間当たりの生産量で表わされ，わが国では $100 \sim 200$t/h のプラントが多く，約 1,000 基が各地に常設されている。ほとんどはバッチタイプのプラントである。このアスファルトプラントの構造を図 -6.4 に示す。

貯蔵された単粒度砕石 5 号，6 号，7 号骨材，および細骨材は種類ごとにコールドビンに移され，このコールドビンの下部に設けられたコールドフィーダにより容積計量されて，規定量がコールドエレベータでドライヤに送られる。ド

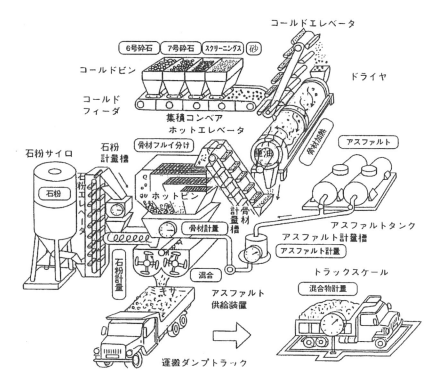

図-6.4　バッチ式アスファルトプラントの概念図

ライヤは回転する円筒で端部に重油バーナがあり，火炎の噴射により，ドライヤ内で掻き上げ，落下しながら流下する骨材を加熱，乾燥する。この骨材はホットエレベータによって，プラントの上部に上げられ，ふるいによって4分級されホットビンに入る。ホットビンの下の骨材計量器で，各ホットビンの骨材を規定の混合物種類の粒度となるように計量する。

また，フィラー(図中では「石粉」としている)も通常は常温のまま計量する。アスファルトタンク内に加熱貯蔵されているアスファルトは，別に計量され，骨材とともにミキサに投入され，混合される。2軸パグミルタイプのミキサでは製造(計量，混合，排出)時間は1分/バッチが通常である。混合時の

混合温度は，使用アスファルトの動粘度[注3]が 180 ± 20cSt に相当する温度 (通常は 160 〜 170℃，改質アスファルトは 180 〜 185℃である) としている。

(2) 運搬

アスコンはミキサから直接，またはホットサイロからダンプトラックに積み込まれる。この際には，アスコンの分離が生じないようにし，積み込んだ後はシートなどで覆って温度低下を緩和する。また，積み込む前にはダンプトラックの荷台に油などのはく離剤を塗布しておく。積み込んだアスコンは，よく清掃した積載重量最大 10 t 以下のダンプトラックで舗設現場に運搬する。

(3) 舗設

アスコンを舗設する路盤面や基層面には，アスファルト乳剤でプライムコートやタックコートを行う。

アスコンの敷均しにはアスファルトフィニッシャを使用する (図 -6.5)。

アスファルトフィニッシャには，敷均し幅 2.5m から 12m まで種々の能力

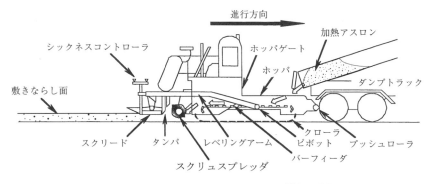

図 -6.5　アスファルトフィニシャでの舗設の側面図

注3) 動粘度：アスファルトの粘性の規定値で，絶対粘度をその試料温度における密度で割った値。単位はセンチストークス (cSt, mm^2/sec)。動粘度を測定するには，一般に毛細管形粘度計を用いる。

のものがある。ダンプトラックからフィニッシャのホッパに荷卸しされたアスコンは，バーフィーダによりフィニッシャ内部を通って後部に送られ，スクリュスプレッダにより所定の舗設幅に広げられて，敷均しされる。タンパ（シングルとダブル）とスクリード（振動の有無）を単独，または組合せてアスコンの敷均し厚さを自動的に調整して，平坦な路面に敷均しされる。敷均し作業中はアスコンの温度が下がらないように注意する。敷均しされたアスコン層は使用アスファルトの粘度が $300 \pm 30 \text{cSt}$ の温度(通常 110 〜 140℃)で，必要な密度が得られるようにローラで転圧される。ローラは必要な密度と路面の平坦性を得られるようマカダムローラ，タンデムローラ，タイヤローラ，振動ローラ，コンバインドローラなどを舗設規模に応じて組み合わせて用いる。

6.4 アスファルトコンクリートの耐久性

道路の機能は「道路構造令」[6.5] により，図-6.6に示すように交通と空間機能を満足することとされている。

この機能のうち舗装の主たる役割とその機能をみると，交通機能の走行と空

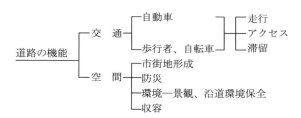

図-6.6 道路の機能の構成

間機能の環境が該当する。

交通機能の走行には安全・快適・円滑さという性能が求められる。

性能に該当する事項とその指標は図-6.7のように考え，規定[6.6] している。

この性能は，利用者が走行して判断する安全と快適の機能的性能と道路管理

6.4 アスファルトコンクリートの耐久性

トピックス　　長寿命化舗装

省資源、省エネルギーそして環境負荷低減には構造物の長寿命が有効である。この用語を舗装ではLong Life Pavementと称すよりもPerpetual Pavementの方が好まれて使われている。世界の長寿命化舗装の現況と将来の望ましい方向をヨーロッパ道路研究所連合（FEHRL/Forum of European Highway Research Laboratory）がアスファルト、コンクリート及びコンポジット（剛性路盤とアスコン表（基）層の構成）舗装について検討し、取りまとめている。何れの舗装タイプについても重交通の舗装構造を等価単軸荷重の累積数で纏め、年間設計交通量から設計寿命年数が計算できるようにしている。

概ね、コンポジットとセメントコンクリートがほぼ同じで、アスファルト舗装より長寿命であり、５０年と２０年程度が現況と考えられている。しかし、省資源から複輪トラックタイヤに代わってスーパーシングルタイヤが普及することにより従来の舗装構造と期待する設計寿命も変化すると思われる。

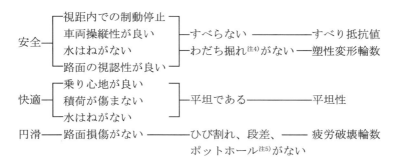

図-6.7　舗装路面の性能と指標

注4）わだち掘れ：レーンマークで区分された車線内で、車輪の走行位置をわだち部と称し、走行の繰返しによりここに生じた凹みをわだち掘れという。

注5）ポットホール：車両の衝撃荷重の繰返し等で舗装の表層が飛散し、路面に生じている直径10～100cm程度の穴。

者が舗装施設の円滑さを判断する構造的性能とに主として分類される。

このように分類した舗装性能の観点からアスコンの耐久性をみる。

これら舗装の所要性能が損なわれると修繕が検討，実施される。

なお，空間機能の環境に求められる景観形成と沿道の環境保全に係る舗装は，環境に配慮した各種アスコンとして 6.6 で紹介する。

(1)　機能的性能（路面性状）

安全，快適な走行・歩行には路面がすべりにくく平坦で，わだち掘れや段差，ポットホールなどのない機能が該当する。

これら機能各々の指標値とアスコンの特性などの関係をみることとする。

すべり抵抗値は，表層アスコンのキメ[注6]（マクロ，ミクロ），路面の水膜の有無とその厚さ，測定速度，測定方法によって異なる。キメ深さが小さく，水膜厚があり，速度が速くなるとどんな測定方法でもすべり抵抗値は小さくなる。キメ深さは速度によるすべり抵抗の変化に影響する要因である。一方，乾燥した状態では，アスコンの種類にかかわらず，他が同一であればほぼ同一の値となる。すべり抵抗が特に要求される場合，表-6.1 に示したギャップ型アスコン，開粒度アスコン，ポーラスアスコンが適用される。

塑性変形輪数[注7] は，わだち掘れの指標でアスコンのホイールトラッキング試験から得られる動的安定度 DS 値 (回 /mm)[注8] で判断される。指標値は，60℃の条件下でわだち掘れが1mm発生するのに要する車輪の通過回数である。

注 6) キメ：舗装路面の粗さや平滑さを称し，路面の断面を正弦波とみなし，その波長が 0.5 mm 未満をミクロなキメ，0.5mm 以上 50mm 未満をマクロなキメと定義している。また，その振幅をキメ深さと称している。

注 7) 塑性変形輪数：舗装道路の表層の温度を 60℃とし，舗装路面に 49 kN の輪荷重を繰返し加えた場合に，この路面が下方に 1mm 変位するまでに要する累加回数。

注 8) 動的安定度 (DS 値)：アスコンの流動抵抗性を示す指標値。ホイールトラッキング試験において，供試体が 1mm 変形するのに要する車輪の通過回数で表わす。DS は Dynamic Stability の略称。

6.4 アスファルトコンクリートの耐久性　　189

実際の舗装のわだち掘れ量が DS 値と，累積大型車交通量などとに関連が認められた調査結果から舗装計画交通量別に基準値が設定された。DS 値の高い耐流動性のアスコンには，表 -6.1 のギャップ型アスコンでアスファルト量を少なくし，4%程度の空隙率とし，改質アスファルトが使用される。

　平坦性は，路面に置いた 3m 直線定規の間で最大の凹凸量を 1.5 m 間隔で測定し，この値の母集団の標準偏差 6 mm が用いられている。通常は，3m の中央 1.5m 位置の凹凸量で得た値の集団について求めるようにしている。国際的な指標値としては IRI(International Roughness Index) があり，車両が路面を走行した際に受ける加速度を，車の四輪の一輪をモデル化して 25cm 間隔の凹凸量を求め (あるいは路面の絶対値の波形を求め)，平坦との相違を一定区間長について累和した値 (cm/km) で示される。前者をレスポンス型，後者をプロファイル型とした指標値[注9] である。平坦性はアスコンの種類には通常は依存しない。平坦性と車両の燃費には相関があり，平坦性が良好であると燃費が低減し CO_2 排出量削減の環境面で有効である。

(2) 構造的性能

　舗装の円滑さに相当する構造的機能のひび割れや段差，ポットホールはアスファルト舗装の構造とアスコン厚とその力学特性などに依存する。指標値の疲労破壊輪数は，舗装の設計期間内におけるひび割れ発生確率 (設計条件で破壊の信頼度を道路種別に応じ導入しているが，破壊は定義されていない。通常はひび割れ率[注10]20%程度としている。) に達するまでに走行する輪荷重 (49kN) の累積輪荷重数 (N) である。この指標値は経験と理論の両者から求められ，経

注 9) 平坦性の指標値：路面の平坦性を運転者や同乗者が感じる感覚での評価をレスポンス型，路面の波形から求めた評価をプロファイル型と称し分類している。
注 10) ひび割れ率：ひび割れの程度で，ひび割れ面積 (㎡) / 調査対象区間面積 (㎡) × 100 で求めた値。なお，ひび割れ面積は，線状クラックはその延長× 0.3㎡，面状クラックはその面積，パッチング (ひび割れ面を取り除き，アスコンで穴埋めした状態) はその実面積から求める。

験は T_A 式で，理論は多層弾性論 [6,7] で求めたアスコン層下面と路床上面のひずみの許容回数とから求められる。

経験（90%信頼度）の T_A 式は $T_A = \Sigma a_i \cdot h_i = 3.84 N^{0.16}/CBR^{0.3}$ で表わされ，路床の CBR と舗装計画交通量とから必要な T_A を求め，これを満足するように各層の等値換算係数 (a_i) と，各層の厚さ (h_i) を乗じたものの累和から舗装厚の構成を求める。舗装を構成する各層の各種材料の a_i は表・基層用加熱アスコン 1 cm 厚の a_i を 1.0 とし，各々の材料 1cm 厚が何 cm に相当するかが定められている。

理論は，設定した舗装断面について求めたアスコン層下面の応答ひずみから 6.2(1) で示したアスコンの疲労破壊回数を計算し，通常この指標値が N を満足するかを検討する。供用中の舗装の疲労の程度の評価には，非破壊試験の FWD(Falling Weight　Deflectometer) などの適用が検討されている。

疲労破壊輪数を大きくするには T_A を大きくすること (アスコンを 1cm 厚くすると $(1/T_A)N^{0.16}$ だけ増加する)，アスコンに改質アスファルトを使用すること (a_i を 1.2 に増したと見做すことも可能となり，アスコン表層厚が 5cm と同じであっても 1cm 厚くした場合と同等の増加となる)，また，舗装構成の基層に 15 〜 30cm 厚のコンクリートなどの剛性層を適用したコンポジット舗装とすること (ほぼ 50% の増加が期待できる) などが有効とされている。

また，これを進展させ長寿命舗装とし，ライフサイクルコストや CO_2 の低減と併せ，資源の節約をも，とした検討が進められている。

ポットホールは舗設時のアスコンの分離や，締固め温度の不均一性や粗骨材のアスファルトとのはく離などによって発生する。

段差は横断構造物上や橋梁取付け部に発生しやすく，路盤層以下を十分に締固めることなどが抑止に有効とされている。

(3)　その他の性能

車両走行中に水はねがないことが安全・快適性に必要な機能とされ，これを満足するにはわだち掘れし難い舗装とし，表層アスコンにポーラスアスコ

ンの適用が有効である（排水性舗装（図-6.12）。アスコンの特性値の空隙率を20%程度とし，使用するアスファルトは高粘度改質アスファルトとする。透水係数は$10^0 \sim 10^{-1}$cm/s程度で，ポーラスアスコンの表層厚4〜5cmで，10mm程度の日降雨量（年間の非超過確率で90%程度）であれば路面に水膜が形成されにくくなる。したがって，すべり抵抗性も確保しやすくなる（転がり抵抗の増加で燃費の10%程度の低減[6.8]もある。）。このポーラスアスコンにはタイヤ/路面間で発生する道路交通騒音を3dB(A)程度低減する効果(交通量が約1/2に相当する)や，夜間での視認性が向上する特性もある。しかし，最近の降水頻度の変化は少雨日が減少し，多雨（>50mm/日）日が増加しており，この折は通常の舗装と変わらない状態となる。

(4) 舗装のパフォーマンス

舗装の性能は交通や気象の履歴などを受けて時間経過とともに低下する。主要な性能を組み合わせた舗装の総合的な耐久性，すなわち供用性の指標値にMCI(Maintenance Control Index)や，PSI(Pavement Serviceability Index)がある。MCIは1〜5.0, PSIは1〜10（新設時は5.0と10に近い数）で，いずれも人間の感応ランキングの順位を物理量のひび割れ，わだち掘れ，平坦性

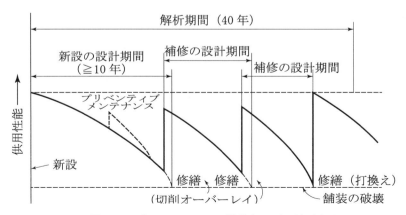

図-6.8 パフォーマンスの推移とライフサイクル

などの指標値の多変数重回帰分析から求めた函数で表している。この性能指標値の時間経過あるいは累積交通量に対する推移をパフォーマンスカーブ（図-6.8）と称している。

パフォーマンスカーブは機能的，構造的性能の単独の指標値にもあり，交通の量と質は勿論，舗装の構造・設計・施工の技術力やアスコンの種類の特性などでも異なってくる。

一般に舗装の破壊は総合値ではいずれも 2.0 ～ 2.5，単独値では表 -6.3 が相

表 -6.3　修繕判断の一般的な値（交通量の多い一般道）

各機能の指標値	すべり抵抗値 (60km/h)	わだち掘れ (ｍｍ)	平坦性 σ (ｍｍ)	ポットホール (径、ｃm)	段差 (ｍｍ)	ひび割れ率 (%)
測定値	0.25	30	4.0	20	30	20

当する [6.9] と受け取られている。

舗装の望ましい機能と性能を，利用者や沿道住民に適切に提供していくには舗装の総合的な技術力が必要となる。従来は，舗装の施工は材料・工法を規定してこれを遵守しアスコンの品質と出来形を満足する仕様方式であったが，6.4(1) ～ (3) に記した性能と，その指標値を満足するような設計・施工の方式（性能仕様と称される) に移行する趨勢にある。この方式が進展すると，利用者が要求する機能，性能を一定期間以上満足させる方式にもなる。この結果，アスコンの材料，アスファルト舗装の構造，施工技術そしてメンテナンス工法や管理なども含めた，しかも環境に優しく，再生利用にも富んだ新たな舗装技術の開発と試みの検討も不可避となってくる。

6.5　アスファルトコンクリートの再生利用

舗装の補修は勿論，新規の工事においても建設資材の循環活用の観点から建

6.5 アスファルトコンクリートの再生利用　193

設リサイクル法，資源有効利用促進法および廃棄物処理法が適用される。これらの法律に基づく告示や国土交通省令で以下のことを規定[6.10]している。

　建設副産物の発生の抑制，再利用の促進，適正処分を計画的かつ効率的に行えるよう，再使用が可能な施工方法，廃材の発生が抑制される施工方法の採用および建設資材の選択をすることが含まれる。また，施工計画の一環として再生資源利用促進計画，再生資源利用計画を作成するとともに，廃棄物処理計画の作成について検討すること。このうち資源有効利用促進法では，一定規模以上の工事についてこれらの計画を作成するとともに，実施状況を把握して，工事完成後1年間報告書を保存することが義務付けられている（第1章1.3参照）。その工事の規模と計画する内容は表-6.4のようになっている。

　表-6.4に示されるアスファルトコンクリート塊は，再生利用のアスファルトコンクリート再生骨材 (3.3(2)(d)) に，加熱アスファルト混合物には再生ア

表-6.4　各種の再利用，処理計画の内容

①再生資源利用促進計画（建設副産物を搬出する際の計画）	
計画を作成しなければならない工事	定める内容
次のような指定副産物を排出する建設工事 1.　建設発生土………1,000 m³ 以上 2.　コンクリート塊，アスファルトコンクリート塊，建設発生木材 ┊…合計 200 t 以上	1.　指定副産物の種類ごとの排出量 2.　指定副産物の種類ごとの再資源化施設または他の建設工事現場等への排出量 3.　その他，指定副産物に係る再生資源の利用の促進に関する事項
②再生資源利用計画（再生資材を利用する際の計画）	
計画を作成しなければならない工事	定める内容
次のような建設資材を搬入する建設工事 1.　土砂……………1,000 m³ 以上 2.　砕石……………500 t 以上 3.　加熱アスファルト混合物……200 t 以上	1.　建設資材ごとの利用量 2.　利用量のうち再生資源の種類ごとの利用量 3.　その他，再生資源の利用に関する事項
③廃棄物処理計画の内容（対象建設工事については，計画・設計時に行う）	
1.　建設廃棄物の種類・発生量と分別，保管，中間処理，最終処分等の方法 2.　処理業者等への委託内容	

スコン (6.5(2)(b)) を，砕石は再生路盤材や路上再生路盤工法 (6.5(2)(a)) が再生利用に該当する。

アスファルト舗装の供用性能の維持はプリベンティブ・メンテナンスと打換え工法を除いて，現位置でアスファルト舗装を再生する路上再生路盤工法，路上表層再生工法，アスファルトプラントでのプラント再生工法，そして一般的な表層をコールドプレーナで切削し再生アスコンなどで埋め戻す切削オーバーレイ工法の修繕は総て，アスファルト舗装を再生利用している。

図-6.9 に舗装のライフサイクルに占める各々の工法の実施時点を示す。

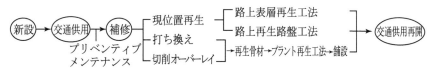

図-6.9 ライフサイクルにおける補修工法 / 再生工法

(1) プリベンティブ・メンテナンス (予防的維持)

舗装に必要な性能が満足できなくなると予測される時期に先立って，パフォーマンスカーブの低下を抑制する予防的維持方法である。

すべり抵抗の回復，わだち掘れによる路面の劣化の修正，ひび割れ進展抑止を図るマイクロサーフェシング[注11]，表面処理工法と薄層オーバーレイがある（図-6.8，6.9）。

マイクロサーフェシング工法は，アスファルト舗装の表層上に薄層でオーバーレイする工法である。表面処理工法にはチップシールや表層厚を 2.5cm 厚程度を切削して，アスコンで埋戻す工法などがある。

注11) マイクロサーフェシング：選定された骨材，急硬性改質アスファルト乳剤，水，セメント等を混合したスラリー状の常温混合物を混合，敷均す専用ペーパで既設の表面に薄く敷均す工法で，舗装の供用性を回復させる [6.2)]。

6.5 アスファルトコンクリートの再生利用

(2) 再生アスファルト工法 [6.11)

(a) 現位置再生工法

路上再生路盤工法はアスコン表層が薄い舗装に通常は適用され，表層を路盤層と一緒に 20cm 厚程度迄を破砕し，セメントやセメント + アスファルト乳剤で安定処理して路盤層に再生し，プライムコートの施工後にアスコン表層を舗設する工法である。セメントでの安定処理では一軸圧縮強さ (2.5MPa) が，セメント + アスファルト乳剤の安定処理では一軸圧縮強さ (1.5 ～ 2.9Mpa) に加え，圧縮強さの変位置 (5 ～ 30/100cm) および残存強度率（変位量が 2 倍の時の圧縮強さの一軸圧縮強さに対する比が 65 ％以上) が規定されている。

路上表層再生工法には，路面ヒーターでアスコン層を加熱し，専用のかきほぐし機でアスコン層をかき起こし，改めて均一に敷均し，その上に新規のアス

トピックス　　Built Environment

　整備された公共施設である社会資本は永久構造物ではない。時日の経過に併せてその維持修繕が必要となり建設の役割に取って替わるようになってきている。従来の土木工学（Civil Engineering）が市民が安心して豊かな生活が出来るような社会基盤の建設（Build）であるのに対して、建設された（Built）施設とその環境をサステイナブルとしていく同じ趣旨の工学に、この名称が英国系の国々で用いられるようになってきている。

　循環型社会の要求には基盤施設を維持修繕して、どう再活用していくかという工学分野が土木に含めて必要になってきているからであろう。このためには従来の設計、建設、管理は勿論、診断、評価し基幹構造を再利用して機能の維持、向上を図る補修に係る技術の分野が全体および各施設ごとに必要となってきている。この補修を財政的に効率化して平準化する作業に係る Asset Management も含まれるようになる。とくに、数十年前の「Ruin in America（荒廃するアメリカ）」(第 2 章（2.1）参照）の教訓が損なわれてきている感の道路舗装における破損放置の近況には必要な処方箋である。

コンを薄層に敷均すリペーブ工法と，かき起こしたものに新規のアスコンを路上などで混合し，敷均し，転圧するリミックス工法とがある。わが国では最近その適用が殆ど見られない工法となっている。

(b) プラント再生工法

切削されたアスコン切削材，および打換えで発生したアスコン塊は，プラントに持ち込まれ 3.3(2)(d) に記した再生骨材として，アスファルトプラントで再利用する方法をプラント再生工法と称している。再利用する再生骨材の割合は，その粒度とアスファルト量，およびアスファルトの質 (針入度) を確認して，製造するアスコンの種類に応じて再利用可能な最大量を求める。

通常，再生骨材は 13 〜 0mm として製造されている場合が多く，表 -6.1 の各種新規のアスコン種類にこれを加えて粒度範囲を満足するように設計して再生アスコンとしている。この場合，再生アスコンのアスファルト量の不足分は新規のアスファルトで調整し，再生骨材中のアスファルトの質は再生用添加剤 (3.3(3)) を加えて劣化を回復させるよう調整し，アスコンの配合を設定する。

しかし，再生骨材の使用割合は，再生アスコンを製造するアスファルトプラントの種類によって再生利用できる割合に制約が生じる。これは再生骨材を乾燥・加熱する装置（補助ドライヤ）の有無によって，アスコンの混合製造時と施工時の温度が確保できるかどうかがあるからである。再生骨材の使用割合は乾燥・加熱装置がある併設ドライヤ方式の場合は 60％程度，無い間接加熱方式の場合は 30％以下が通常である。

再生アスコンの製造プロセスの系統図を図 -6.10(a)(b) に示す。間接加熱混合式 (図 -6.10(a)) は，6.3(1) に示したアスファルトプラントに再生骨材投入装置を付加したタイプで，併設ドライヤ式プラントでは図 -6.10(b) の新規骨材と同様の乾燥・加熱 (ただし温度は，130℃未満) 装置を既存のプラントに付加したものである。なお，併設ドライヤ式プラントでの再生骨材の乾燥・加熱は 130℃を超すとアスファルトの燃焼を生じ（この現象はブルー・スモークの発生と称している)，再生骨材中のアスファルトの質を劣化させることはもちろん，大気汚染と臭気発生の原因となる。このため新規骨材は再生骨材と

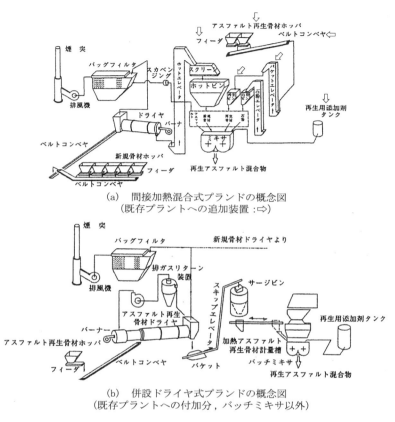

図-6.10 (a),(b)　再生アスコン用アスファルトプラント（例）

ミキサ内で熱交換して，所定のアスコンの温度とするため，通常より20℃程度以上の高温，加熱が必要となる。

(3) 修繕工法とLCCO$_2$

表層をコールドプレーナで切削し再生アスコンなどで埋め戻す切削オーバーレイ工法と，舗装のアスコン層全層をブレーカなどで取り壊し，ブルドーザやバックホウで掘削，除去し，路盤層あるいは基層から再舗装する打ち換え工法

198　　第6章　舗装材料としてのアスファルトの利用

が一般的である。舗装破損の種類により工法が使い分けられており，機能的性能が損なわれた場合は前者が，構造的性能が損なわれた場合は後者とされるのが通常である。

　ここで舗装の耐久性と再生利用に関連するライフサイクルにおいて，その環境影響評価[6.12]をみる。（図-6.8，図-6.9参照）

　ライフサイクルの検討期間は40年，設計期間は10～20年が通常で，このサイクルに要する費用がLCC(Life Cycle Cost)で設計・施工に伴う環境負荷がLCCO$_2$(Life Cycle CO$_2$)である。なお，コストはエネルギー量にほぼ比例するのでLCCの低減はLCCO$_2$の低減にも繋がる。

　舗装の新設(舗装計画交通量1,000以上3,000未満(台/日・方向))と切削オーバーレイ（再生アスコン使用）を3回のライフサイクルを想定し，CO$_2$原単位を用いた算定方法によりLCCO$_2$を求めた例を以下に示す。

　舗装構成や資機材の運搬距離，アスコン種類などの詳細は省くが新設と補修での資材(素材/新設時の路盤材，砕石，砂，フィラー，アスファルト，アスファルト乳剤の製造，アスコン製造)，運搬(素材，アスコン，施工機械)，施工(新設時/路床整正，路盤，プライム・タックコート，表・基層：補修時/切削，タックコート，オーバーレイ)別のCO$_2$量の構成比は以下となる。

　　新設：補修(3回) = 55：45，

　　資材：運搬：施工= 75：20：5(新設時)

　　資材：運搬：施工= 75：10：15(補修時)

　ライフサイクルでの修繕が新設以下となるので，補修時で既設舗装の再生利用が環境面で有意であることが解る。

　また，新設，修繕共資材の割合が3/4を占め，これらの運搬も含めると約9割となるので，資材の再生利用が有効であることも解る。

　なお，それぞれの原単位は，資材は製造の過程における燃料，電力使用量から，運搬は資材，機械をプラントや現場までの運搬の燃料量から，新設と補修の施工は各施工機械の標準的な稼働量での燃量費から求めた値でる(第2章2.3,2.4)参照)。

6.6　環境に配慮した各種アスファルトコンクリートの利用

道路の空間機能を担うアスコンとして，景観形成はカラーアスコンが，沿道環境の保全に配慮したアスファルト舗装には低騒音，振動低減，路面温度低減および透水性が開発，適用されている。

(1)　環境空間の景観形成 [6.13]

カラーアスコンには明色タイプと着色タイプとがある。

明色タイプはアスコンに使用する骨材の全部または一部を明色骨材で置換したものと，アスコンを敷均した後に明色の骨材を散布してローラで圧入した明色ホットロールドとがある。

着色タイプには，アスコンに無機顔料のベンガラを混入した赤褐色のもの，明色の骨材の替わりに着色したセラミック人工骨材を使用した着色ホットロールド，アスファルトの替わりに熱可塑性樹脂を使用し，各種の顔料を混入した着色アスコン，開粒度アスコンの空隙 (空隙率 25％程度) を各種の顔料で着色したセメント・グラウトを充填したカラー半たわみ性アスファルト，アスファルト舗装面に，アクリル樹脂と顔料とフィラーの混合物をスプレーやローラで lmm 厚程度塗布したもの，エポキシ樹脂を路面に散布後に着色骨材や炭化珪素を散布・接着させたものなどがある。

いずれのタイプも，景観以外にも他の機能 (車線の分離，沿道施設の特定，視認による安全確保，交差部や駐停車帯など) も兼ねるようになっている。

(2)　沿道環境の保全 (環境負荷軽減の各種のアスコン) [6.14]
(a)　低騒音舗装用アスファルトコンクリート

排水性舗装 (自動車専用道では高機能舗装と称されている) と称され，表層にポーラスアスコンが用いられる。

ポーラスアスコンの材料割合はおおむね，粗骨材：細骨材：フィラー：アス

ファルトが 80：10：5：：5 となっている。

粗骨材は 3.3(2)(a) に示した製造フローで整粒機を通したもの，アスファルトは 3.3(1)(c) に示した高粘度改質アスファルトを使用する場合が多い。アスコンの特性としては空隙率が 20％程度，透水係数 10^{-2}cm/s 以上で，カンタブロ損失率 (マーシャル供試体をロサンゼルス・すりへり減量試験機内に入れ，300 回転後の骨材飛散量の元の供試体質量に対する割合)15％以下が望ましい。ポーラスアスコンはタイヤのパターンノイズを空隙が吸収して，密粒度アスコンに較べて交通騒音を 3 〜 5dB(A) 程度低下させる効果がある。

(b) 振動低減用アスファルトコンクリート

路面性状の平坦性の指標値 σ を 1mm 程度減少させると 4dB 程度の振動改善が道路端で可能である。これには前述した性能規定の指標値の基準 2.4mm 以下で，σ を 1.5mm 程度とすることが必要になる。

(c) 路面温度低減舗装

わが国のアスファルト舗装の路面温度は，図 -6.11 に示す日射と赤外放射により夏季に 60℃程度になる（年間の 60℃以上の累和時間は約 1 日程度である）。このため舗装面積割合が約 20％程度 (全国平均は 3％強程度である) となっている都市域では，顕熱，潜熱が大きくなりヒート・アイランド現象の原

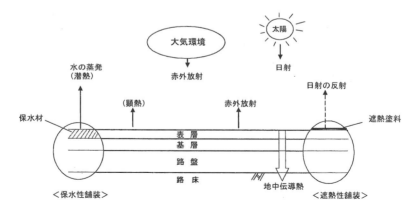

図 -6.11　路面温度低減舗装

因ともいわれている。この路面温度を低減するアスファルト舗装には，保水と
遮熱の2つのタイプがある。

　保水性舗装は，ポーラスアスコンとほぼ同じアスコンの空隙に保水材を混入
したセメントグラウトを充填したものである。保水材が降雨などの水を吸収し，
日中の太陽光により水が蒸発する際，気化熱を奪って潜熱を低減させ路面温度
を10℃程度低下させる。

　遮熱性舗装は，ポーラスアスコンや各種のアスコン路面に太陽光の近赤外線
部分(舗装温度を上昇させる部分)を90％程度反射する特殊塗料と樹脂の混
合液を吹き付け，あるいは塗布して，舗装体の温度低減を図るものである。太
陽光の赤外放射量（大気環境と路面からの和）は通常のアスファルト舗装に較
べて約20％減少し，日射の反射率(アルベドと称される)は通常のアスファ
ルト舗装の3〜4倍となり，遮熱材料の色にもよるが路面温度を10℃程度低
下させることができる。

(d)　透水性舗装 [6.15]

　1970年代中頃より歩道の歩行感覚の良いもの，水たまりのないことそして
植栽への雨水供給と雨水の地下への還元策として，ポーラスアスコンが歩道舗
装に適用されてきた。また，都市河川による浸水被害対策の抑制も兼ね，降雨
水を路面から排出せず路床・路体に浸透させる透水性舗装が試験的に車道に適
用されている。舗装構造は，表・基層にポーラスアスコンが用いられ，路盤も
貯留・透水が可能な粒度の安定処理した層あるいは粒状材の層が用いられる。
通常のアスファルト舗装，排水性舗装およびこの透水性舗装の舗装構造の相違
を図-6.12に示す。

　この舗装構造とすることで，低騒音，スベリ抵抗の確保，路面の雨水流出係
数の低減，雨水の流出ピーク量のカット[注12]と流出時間の遅れなどが確認され

注12) 流出ピーク量のカット：降雨後，排水溝に流出する水量は，通常一定時間後に
最大値（ピーク）をもっての流出量となる。この最大値となる水量を減らし，ピーク
の無いなだらかな流出水量とすること。

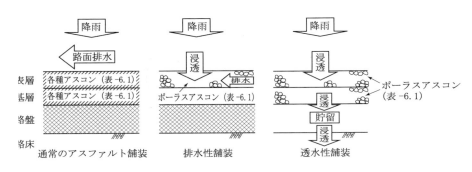

図-6.12　各種舗装の機能の概念図

ている。なお，排水性舗装は表(基)層から雨水が排出され，路盤以下には浸透せず，排水施設に導かれるが，ある程度の洪水抑制の効果もあるとされている。また，排水施設に替えて貯留・浸透施設とした透水性舗装の別タイプもある。

まとめ

① アスファルトが各種アスコンとして舗装の表・基層に，その特性を活かして適用されている。
② アスコンの力学，化学およびその他特性が舗装の構造設計，適用場所，そしてその耐久性に有効な特性を持っていることを示した。
③ アスコンの製造と舗装の施工の流れを説明し，アスコンが道路において舗装に要求される各種の機能とどう関連しているのかを示した。
④ 舗装の機能のパフォーマンスと耐久性の診断・評価を概説し，その機能が損なわれ維持修繕を必要と判断する評価の指標値を紹介した。
⑤ 舗装の補修においては再生利用の法規制に則った各種工法がとられていることを説明し，舗装のライフサイクルにおいて，修繕での既設舗装の再生利用の有効さを$LCCO_2$で示した。
⑥ 通常のアスコン，舗装に対し環境形成と道路沿道環境保全に配慮した低騒音舗装などの各種の舗装を紹介した。

引用・参考文献

6.1)　日本道路協会：舗装設計施工指針　2001
　　　井上武美：加熱アスファルト混合物の変遷，アスファルト合材，2005.07

6.2)　根本信行他：中温・常温舗装 (マイクロサーフェシング)，土木技術，第 54 巻 ,2 号 ,1999.2

6.3)　菅原照雄他：土木材料Ⅲ（アスファルト)，共立出版 ,1975.6

6.4)　日本道路協会：アスファルト舗装要綱　平成 4 年版

6.5)　日本道路協会：道路構造令の解説と運用 ,2004.2

6.6)　日本道路協会：舗装の構造に関する技術基準・同解説，2001.7

6.7)　土木学会：多層弾性理論設計による舗装構造解析入門，舗装工学ライブラリー 3，2005.5

6.8)　Ulf Sandberg：Influence of Road Surface Texture on Traffic Characteristics Related to Environment, Economy and Safety, Swedish National Road and Transport Research Institute, 1998.10

6.9)　日本道路協会：道路維持修繕要綱, 1978.7

6.10)　日本道路協会：舗装設計施工指針, 2001.12

6.11)　日本道路協会：舗装再生便覧, 2004.2

6.12)　日本道路協会：舗装性能評価法　別冊, 2008.3

6.13)　井上武美：カラー舗装，土木学会誌，Vol.83，N0.3,1998.3

6.14)　環境改善をめざした舗装技術の現状 (4),第 3 章舗装の地面被覆による環境負荷軽減に関する技術その 2，道路，2004.7

6.15)　道路路面雨水処理マニュアル (案)，山海堂，2005.12

注 2,3,6 ～ 10 の詳細は日本道路協会：舗装試験法便覧 1988.11 を参照されたい。

第7章
社会の持続的発展のために建設分野が果たすべき役割

　安全・安心な社会基盤構造物（インフラ構造）の整備により，わが国の各都市はこれまで持続的な発展を遂げてきた。インフラ構造の代表である橋梁は，国道・地方道に限っても橋長 15m 以上のものが約 15 万橋もある。一方，高度経済成長期に集中的に建設された結果として，今後，老朽化が急速に進行することになる。橋の年齢を意味する橋齢が寿命の目安とされる 50 年を超える割合は，20 年後には約半数に達し，インフラ構造を安全かつ効率的に長期間使い続けるためのマネジメント手法が求められている (2.1 参照)。高度経済成長期を終え，わが国が少子高齢化社会を本格的に迎える中で，膨大なインフラ構造のストックを効率的かつ経済的にマネジメントすることは，今後の都市の持続的発展を可能にするために必要不可欠な要素である。そして，ライフサイクルの視点に立ったインフラ構造のマネジメントは，新規の建設や廃棄に伴う環境への影響を最小限に抑えることを可能にし，さらにこれらの技術を諸外国にあるインフラ構造のマネジメントに応用すれば，グローバルなグリーン・イノベーションの推進役となる。循環型の社会形成を目標として，中・長期的な視点のもと，環境保全や自然との共生を図り，環境に関わる各種の技術をさらに発展させていかなければならない。

　従来のインフラ構造の設計・施工では，設計耐用期間内に作用する可能性のある最大級の荷重に対して適切な安全性を経済的に確保することが主たる目的であった。高度経済成長期は，ライフサイクルの視点に立ち，インフラ構造物の長期にわたるメンテナンスや設計耐用期間後の構造物の廃棄・更新，あるいは構造物の製造や廃棄などが環境に与える負荷についての配慮があまりなされ

てこなかった。言うまでもなく，建設分野は大量の資源を消費し，かつ，建設物を解体した後の副産物の産業廃棄物に占める割合は非常に大きいものがあり，低環境負荷型社会の形成に大きな責任を負っている（1.5参照）。今後，スクラップ＆ビルドの考えをインフラ構造に持ち込むことは現実的ではない。大きな経済成長が期待できない経済環境に移りつつある中で，インフラ構造の老朽化に対峙する方策を決めることは喫緊の課題である。環境負荷を最小化し，社会のコスト負担を抑え，社会の持続的な発展を可能にしなければならない。インフラ構造物に限定すると，①既存構造物の延命化技術，②建設廃棄物の再資源化技術，③施設のライフサイクルにわたる環境負荷評価，に関する研究を大いに進める必要がある。

世界的にも，社会の持続的発展（Sustainable Development）についての議論は進められている。1987年，WCED（World Commission on Environment and Development）は，社会の持続的発展を次のように定義している[1]。

> Development that meet the needs of the present without comprising the ability of future generations to meet their own needs

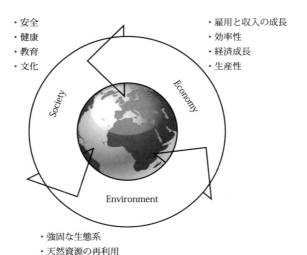

図-7.1　持続的発展に関係する3つの支柱[7.1]

持続的発展は，図 -7.1 に示されるような社会（Society），環境（Environment），経済（Economy）の 3 つが支柱となる。

図 -7.1 を建設分野に当てはめ例示すると，社会的な要求は，構造安全性，建設時の騒音対策，災害からの速やかな復旧，あるいは自然災害に対する頑強性（レジリエンス）であり，環境としての要求は，建設材料のリサイクルの促進，構造部材の再利用，環境に配慮した施工などであり，また，経済的要求は，材料調達や建設に伴うコストなどである。

言うまでもなく，建設分野全体が持続的発展のために果たす役割は極めて大きい。前記したように，地球規模での温暖化の進行に伴い，各国，あるいは各産業分野で二酸化炭素排出量の削減は重要なテーマになっているが，たとえば，1 トンのポルトランドセメントを生産する際には，ほぼ 8 割程度の二酸化炭素を大気中に排出している [7.3]（表 -2.2 参照）。セメントの生産による地球規模での二酸化炭素排出量は年間 13.5 億トンであり，大気中に放出される全体の二酸化炭素排出量の実に約 7% にも及んでいる [7.4], [7.5]。欧州においても，建設分野は最大のエネルギー消費セクターであり，欧州全体で生み出される廃棄物の約 3 分の 1 は建設関係の活動から生み出されている [7.2]。

建設分野が持続的発展に貢献するためには，ライフサイクルの視点を持ち（図 -7.2），構造物の設計，建設（施工），供用，メンテナンス，震災・復旧，あるいは廃棄・更新の各過程における環境影響評価（ライフサイクルアセスメント，LCA（Life Cycle Assessment）），経済性評価（ライフサイクルコスト，LCC（Life Cycle Cost）），そして構造物の性能評価（ライフサイクルパフォーマンス，LCP（Life Cycle Performance））を実践しなければならない。

LCA とは，一般的に「その製品に関わる資源の採取から製造，使用，廃棄，輸送などのライフサイクルすべての段階を通して，投入資源あるいは排出による環境負荷およびそれらによる地球や生態系への環境負荷を定量的，客観的に評価する手法」である。評価手法する際の指標としては，生涯炭酸ガス発生量（LCCO$_2$）などがある（詳細は 2.2 〜 2.4 参照）。

LCC は，一般に次式によって算定される。

$$\mathrm{LCC} = C_I + \Sigma \frac{C_{ins} + C_M + C_R + \Sigma\, P_f \cdot C_f}{(1+r)^t}$$

ここに，

　　C_I：初期建設コスト

　　C_{ins}：点検費用

　　C_M：メンテナンス費用

　　C_R：補修費用

　　C_f：破壊や損傷に伴う修復・補強費用

　　P_f：損傷または破壊確率，　t ：ライフサイクルの検討期間

　　r ：割引率

である。

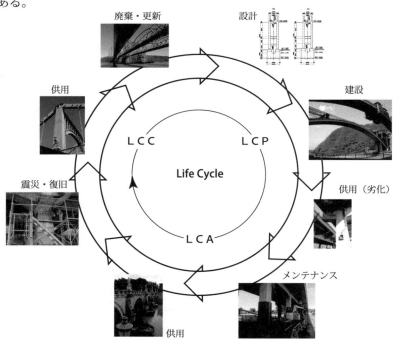

図-7.2　インフラ構造物のライフサイクル

ＬＣＣを構成する各種の費用の関係を図化したものが図-7.3 である。LCCの比較を行うことにより，たとえば初期建設費を抑えるために安全性や耐久性に劣る構造物を設計すると，ＬＣＣ式にあるC_I以外が大きくなるため，そのような設計案は否定され初期コストが大きくなっても，50 年や 100 年のトータルで支払うコストを抑えた案が採用される。廃棄や更新費用も加味することで，長寿命なインフラ構造物がコスト比較の上でも有利となり，結果として環境に配慮した構造物が選択される。ただし，4.6 (1)に示したように再生骨材の利用を例にすると，通常の骨材（砕石）を利用する場合より，再生骨材は製造に手間がかかり，一般的にコストが高くなる。そのため，LCC の最小化のみを目的関数に設定し，設計案の比較を行うと，再生骨材を使用する案は選択されず，従来の建設材料を使用する案が選択されてしまう。そのため，特に環境への配慮が求められる事案に対しては，LCC 単独での検討とせず，LCA も実施し，多目的関数の中で最適案を選択する必要がある。

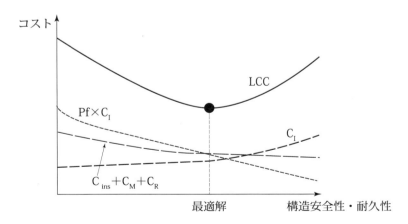

図-7.3　ライフサイクルコストと構造安全性・耐久性の関係

LCPとは，ライフサイクルにわたる構造物の性能である。図7.4に構造物の性能の経時変化の一例を示す。これはLCAやLCCの算定時に必要となる。構造物の性能には様々な解釈がある。構造物に作用する外力と耐力の比較から計算される構造信頼性（破壊可能性，破壊確率）から，単に構造物の耐力とする場合などがある。欧米では，構造信頼性を性能とする例が多い。

現状の技術レベルでは，コンクリート部材の塩害や中性化などの材料劣化を30年や50年を超えるスパンで長期に予測することは大変に難しく，さらには，材料劣化が進展した構造物の曲げやせん断耐力，あるいは変形能がどれほど低下するのかを算定する際の誤差は極めて大きいと言わざるを得ない。これはLCPに限らず，LCAやLCCについてもいえ，ライフサイクルにわたる評価に伴う不確定性は極めて大きいため，確率的に各要因の不確定性を処理するなどの対応が必要である。他にも，メンテナンス実施後にどれほど構造物の性能は回復するのか，また，構造物の長寿命化に資するメンテナンス技術，さらには，構造物の状態を簡易に，また正しく診断するための非破壊検査やモニタリング技術は，多くが研究段階にある。LCPの評価方法，あるいはLCPに関わる各種の技術の向上が必要である。

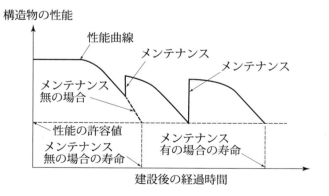

図-7.4　構造物の性能曲線の例

まとめ

本章では，社会の持続的発展のために建設分野が果たすべき役割は極めて大きいことを示し，それを実践するために必要な考え，特にライフサイクルの視点を持ち社会基盤構造物の設計や施工，メンテナンス，あるいは廃棄・更新の各過程を評価することの重要性をまとめた。

① 建設分野は大量の資源を消費し，かつ，建設副産物の産業廃棄物に占める割合は非常に大きく，今後，スクラップ＆ビルドの考えでインフラ構造物の廃棄・更新を進めることは現実的ではない。

② 持続可能性（サステナビリティー）は，今後の建設分野における極めて重要なキーワードの一つである。環境負荷を最小化し，社会のコスト負担を抑え，社会の持続的な発展を可能にしなければならない。

③ 建設分野が社会の持続的発展に貢献するためには，ライフサイクルの視点を持ち，社会基盤構造物の安全性，耐久性，さらには経済性を最大化し，一方で環境負荷を最小化する必要がある。その際，LCA，LCC，LCP の 3 つの種類のライフサイクル解析の実践が重要である。

引用・参考文献

7.1）Gjørv, O.E. 2009. Durability Design of Concrete Structures in Severe Environments. Taylor & Francis, New York, USA

7.2）Landolfo, R. Sustainable Design of Structures: The Outcomes of the COST Action C25-WG3, Proceedings of Third International Symposium on Life-Cycle Civil Engineering, Keynote Lecture, 2012

7.3）Roy, D.M., 1999. Alkali-activated Cements, opportunities and challenges. Cement and Concrete Research, 29(2), 249-254

7.4）Malhorta,V.M., 2002. Introduction: sustainable development and concrete technology. ACI Concrete International, 24(7), 22

7.5）上原元樹：ジオポリマー法による環境負荷低減コンクリートの開発，鉄道総研報告，Vol. 22, No.4, pp.41-46，2008

■索引■

AE 減水剤　75、76
AE 効果　75、76
AE 剤　61、73、74、75、76
C_2S　63、90、91
C_3A　63、90
C_3S　63、65、90、91
C_4AF　63
CO_2 発生量　15、21、22、25、60
COP　i
C-S-H 系水和物　78、79、90、92
$Fe_2O_3 \cdot 3H_2O$（赤錆）　120
$Fe_3O_4 \cdot nH_2O$（黒錆）　120
$FeO \cdot nH_2O$（青錆）　120
FWD　190
IPCC　i、2、6
LCA　15、21、207、210
LCC　198、207、209、210、211
$LCCO_2$　15、21、128、198、207
LCE　15
LCP　207、210
LCR　15
LIME　16、17、24
MCI　191
PG　41
PSI　191
S-N 線図　161

［あ］

アーク溶接　164
アスコン　39、44、47、175、196
アスファルト　11、39、44、175、184
アスファルトコンクリート　39
アスファルト乳剤　39、43、185、195、198
アスファルトフィニッシャ　183、185
アスファルトプラント　47、177、196
圧縮強度　83、97、102、108、133
圧縮強度の特性値　82
圧縮強さ　182、195
圧送距離　89
圧延　39、145、147、155、173
アノード　120

粗骨材　37、39、44、66、101、176
アルカリ・シリカゲル　125
アルカリ骨材反応　71、114、125
アルカリシリカ反応　125
アルベド　201
アルミニウム合金陽極　172
安全性能　115

［い］

維持管理　9、14、172
石粉　47、184
一般構造用圧延鋼材　151、173
一般構造用炭素鋼管　151、173
一般廃棄物　10、53
インベントリー　16
インベントリー分析　15、16、17、21
引火点　41、183

［え］

影響評価　15、16
エコスラグ　53、54、57
エコセメント　34、35、62
エトリンガイト　80、90
エフロレッセンス　66
塩害　100、119、210
沿道環境　177、199
エントレインドエアー　73

［お］

応力～ひずみ関係　100
応力～ひずみ曲線　134
オーステナイト　155、156
遅れ破壊　161
温室効果ガス　i、1、5、6
温度特性　100
温度ひび割れ　93

［か］

海塩粒子　120
改質アスファルト　40、42、49、185、189
回収骨材　37

海水　65、66、102
外部電源方式　172
界面活性剤　73
化学的安定性　71
化学的浸食　100、116
カソード　120
加熱アスコン　177、178、183
加熱すりもみ法　129
カルシウムリケート水和物　90
川砂利　66、67
川砂　46、66、67、131
環境アセスメント　15
環境空間　199
環境評価　16、18
環境負荷　i、11、18、198、207
環境負荷低減　14、21
環境便益　21
環境保護　31
環境容量　1
完全リサイクルコンクリート　133
乾燥収縮　92、100、114
寒中コンクリート　104

[き]

気乾状態　69、135
凝結時間　35、65、87、133
凝結特性　60
気候変動枠組条約　4
亀甲状のひび割れ　125
機能に関する条件　127
キメ　188
吸水率　44、46、68、133
吸水量　69
急冷スラグ　79
凝結時間　35、65、76、87、133
凝結特性　60
凝結の始発　89
凝結の終結　89
強度　75、82、97、100、134
京都議定書　i、5
強度性能　97
供用期間　60、116、127、171
供用寿命　115
橋齢　205

含水量　69
キルド鋼　147

[く]

空気量　73、75、102、107
空隙構造　107
クラッド鋼　170、171
クリープ　61、108、112、161、180
クリープ係数　114
クリープ破壊　182
クリープ変形　111
グリーン購入法　7
クリンカー　34、62、90
クリンカアッシュ　54

[け]

経済的条件　127
ケミカルプレストレスト　81
ゲル空隙　108
現位置再生工法　195
限界塩化物イオン濃度　119
減水効果　75、76
建設廃棄物　11、206
建設リサイクル法　7、11
原単位　17、21、23、26、198
現場配合　69、82

[こ]

硬化コンクリート　65、68、82、133
公共投資　13、14
合金鋼　153
鋼くい工法　168
鋼材　29、38、65、145、151
工場製作　163、164
高性能 AE 減水剤　75、76
構造信頼性　210
高耐久性構造物　25
鋼の防食方法　170
高ビーライトセメント　62
降伏点　156、157、158、163
高流動コンクリート　36、38、79
高炉　38、51、145、146
高炉スラグ　29、50、51、62
高炉スラグ微粉末　53、79、80

高炉セメント　25、52、62、79、126
コークス　38、51、145、146
コールドジョイント　90
骨材間隙率　178、179
骨材の安定性試験　72、134
骨材のかみ合わせ効果　139
骨材のかみ合わせ抵抗　140
骨材の反応性試験　126
コンクリート用化学混和剤　76
コンクリート用再生骨材　131
混合セメント　62
コンシステンシー　87、88、89、133
コンポジット　187
混和剤　25、61、73、75、126
混和材　33、35、61、80
混和材料　60、61、72、140

[さ]
再結晶温度　148
細骨材　46、54、61、66
細骨材率　37、84、89、94
再資源化　11、29、36、48、57
再資源利用計画　193
砕砂　36、46、67、128、131
最小スランプ　83
再振動締固め　90
再生アスコン　194、196、197
再生骨材　48、128、129、135、209
再生骨材H　131
再生骨材L　131
再生骨材M　131
再生骨材の製造　131
再生骨材を用いたコンクリート　131、133
再生細骨材　127、128、131、135
再生資源　1、9、10
再生資源利用促進計画　193
再生粗骨材　127、128、131、133、135
再生砕石　29
砕石　22、32、44、67
砕石粉　36
最適生産・最適消費・最小廃棄　i、6
材料分離　59、70、86、88、92
産業連関法　16
産業廃棄物　9、10、57、206

産業副産物　i、25、27、31、65

[し]
支圧強度　97
被害分析　17
軸剛性　111
資源有効利用促進法　7、193
時効　156
自己収縮　114
持続的発展　ii、205、206、207
湿潤状態　69
実績率　71、133
示方配合　69、81、82、86
社会基盤　i、ii、13、14、18
遮熱性舗装　201
周囲環境と調和　60
終局耐力　111
収縮　60、80、93、100、115
収縮特性　100
収縮反応　60、92
収縮補償　80
収縮量　60、100
充填コンクリート　137、138
出鋼　147
シュミットハンマー　103
循環型社会　i、6、7、9、39
純鉄　147、152、154
省エネルギー　9、39、44、57、65
常温アスコン　177、178
衝撃強さ　158
省資源　9、31
使用性能　115
初期建設費　209
滲出説　113
振動低減　199

[す]
水酸化カルシウム　78、79、80
水中コンクリート　95
水密性　116
水和収縮　114
水和生成物　78、108、119、123
水和反応　93、100、114
スクラップ　29、52、146

スクラップ＆ビルド　206、211
ステンレス鋼　154、162、170、173
ストレートアスファルト　40、41、43、49、182
スラグ細骨材　67、131
スラグの潜在水硬性　80
スラッジ　33、37、38、54
スラッジ水　37
スランプ　75、82、88、131
スランプ試験　88
スリヘリ減量　44

[せ]
生活発生物　65
製鋼スラグ　50、51、52、53
精錬　52、145、146
積算温度　103、104
積算空隙量　108
石炭灰　33、54、57、65、77
石灰岩　62、65、67、173
絶乾密度　68、71
設計基準強度　82、111
石膏　62、90
セメント水比　83、102、103
セメントの比表面積　91、137
ゼロエミッション　7、9
洗浄排水　37、66
せん断破壊　139
せん断ひび割れ　139
銑鉄　51、52、145、146

[そ]
造塊　147
粗骨材の最大寸法　70、82、101、140
塑性加工　163
粗粒率　70

[た]
耐海水性ステンレスライニング　172
耐火性　170、183
耐荷性能　116
耐久性　83、115、182、198、209
耐久性指数　134
耐久性照査　83、123
耐久性能　60、82、83、97、116

耐久設計　118
耐候性鋼材　151、162、173
第3者影響度に関する性能　115
耐食性金属ライニング　171
耐凍害性　72、74、102
耐用年数　13、171
大量生産・大量消費・大量廃棄　ⅰ、1、6
ダウエル作用　140
他産業再生資材　56
多層弾性体　180
多層弾性論　190
脱酸　146
タフネス・テナシティ　43
単位水量　75、83、88
単位容積質量　71
炭酸化　114、123
炭酸ガス　108、123
炭素鋼　152、173
単粒度砕石　44、183

[ち]
地球温暖化　ⅰ、2、6、14、16
地球温暖化防止法　5
地球の温暖化　1
地球温暖化対策　178
チタンクラッド鋼　171
中温アスコン　177、178
中性化　100、123、131
中性化残り　123
超音波　103
調質高張力鋼　158、164
長寿命化　ⅰ、25、26、210
長寿命舗装　187
超微粒子セメント　62

[つ]
疲れ強さ　165
積み上げ法　16、21

[て]
低環境負荷型社会　206
低炭素アスコン　177
低騒音舗装　202
低発熱セメント　62

索引

鉄筋の腐食機構　119
鉄鉱石　38、51、145、146、162
電気防食　170、172
天然アスファルト　40、42
天然骨材　31、66
転炉　38、145、146

[と]

凍害　72、100
凍結融解作用　73、74
凍結融解抵抗性　75
統合化係数　17
透水性　110、183、199
透水性舗装　201、202
動粘度　185
道路構造令　186
特殊セメント　62
特性化係数　17

[な]

軟化点　41

[ね]

ネガティブフリクション　169
熱間圧延　147、148
練混ぜ水　37、65、75、95
粘土　29、34、44、65

[は]

パーライト　155、156
廃棄物処理法　11、193
配合強度　82、83
配合計算　62、69、82
配合の表し方　86
排水性舗装　191、199、201、202
破壊モード　138、139
白色ポルトランドセメント　62
破砕法　129
発熱反応　60、93
パリ協定　i、6
バレル　41

[ひ]

ヒート・アイランド　200

比重選別法　129
引張強さ　152、153、182
ひび割れ　80、92、96、182、191
被覆防食工法　170
微粉末　38、127、137
表乾状態　69
表乾密度　68
表面水量　70
疲労限度　161
疲労破壊　182

[ふ]

フィラー　39、47、54、176
フェライト　155
部材じん性　111
腐食　116、120、123、162、170
腐食発生限界深さ　123、124
付着強度　97、106
物質循環　9、127
物理的安定性　71
不働態被膜　122
フライアッシュ　29、54、62、77
フライアッシュセメント　62、78、126
フライアッシュⅡ種　78
プラスティック収縮ひび割れ　93
プラント再生工法　194、196
ブリーディング　96
ブリーディング水　95、96
プリベンティブ・メンテナンス　194
フレッシュコンクリート　59、72、82、86、133
フロー値　36、47、178

[へ]

偏心すりもみ法　129

[ほ]

防水工　126
膨張コンクリート　80
膨張材　80
膨張セメント　62
膨張ひび割れ　72
膨張量　126
飽和度　178、179
保水性舗装　201

舗装計画交通量　190、198
ポゾラン反応　78
ポットホール　188、189、190
ポップアウト　72
炎加熱曲げ　163、164
ポリマーコンクリート　61
ボルト接合　151、164
ポルトランドセメント　25、62、78、126、207
ポンパビリティー　59、86、89

[ま]
マーシャル安定度　178
曲げ強さ　182
曲げ破壊　138
曲げひび割れ強度　97、105
マチュリティー　104
マテリアルフロー　29

[み]
水セメント比　82、83、101、119、133
密度　41、44、67、131、179

[も]
毛細管空隙　108

[や]
焼き入れ　156
焼きなまし　156
焼きならし　155
焼き戻し　156
ヤング係数　100、112、134
ヤング率　157、158

[ゆ]
融雪材　120
融氷剤　182

[よ]
溶接構造用圧延鋼材　151、173
溶接接合　151、164
溶融亜鉛メッキ　170

[ら]
ライフサイクル　6、194、198、207、210

[り]
リムド鋼　147
粒形　46、71、88、133
流電陽極方式　172
流動性　59、61、68、76
粒度　46、47、70、88、178
リラクゼーション　161

[れ]
冷間圧延　156
冷間曲げ　158、163、164
レイタンス　96
瀝青安定処理工法　175

[ろ]
路床　190、201
路上再生路盤工法　44、194、195
路上表層再生工法　194、195
路面温度低減　199
路面性状　200

[わ]
ワーカビリティー　59、78、87、102
わだち掘れ　188、190、191、194

著者略歴

関　　博（せき　ひろし）
- 1965 年　早稲田大学理工学部土木工学科卒
- 1965 年　運輸省港湾技術研究所　入省
- 1978 年　早稲田大学理工学部助教授
- 1983 年　早稲田大学理工学部教授
- 2013 年　早稲田大学名誉教授
- 　　　　　工学博士

井上　武美（いのうえ　たけみ）
- 1965 年　早稲田大学理工学部土木工学科卒
- 1965 年　日本鋪道㈱（現㈱ NIPPO）入社
- 2006 年　㈱ NIPPO コーポレーション常務執行
- 　　　　　役員、退任
- 2006 年　グリーンコンサルタント㈱代表取締役社長
- 2010 年　グリーンコンサルタント㈱顧問
- 2013 年　同社顧問退任
- 　　　　　工学博士

木村　秀雄（きむら　ひでお）
- 1982 年　早稲田大学大学院理工学研究科
- 　　　　　土木工学修士課程修了
- 1982 年　新日本製鐵㈱入社
- 2008 年　新日鉄エンジニアリング㈱
- 2012 年　新日鉄エンジニアリング㈱退職、
- 　　　　　深田サルベージ建設㈱入社
- 現在　　　深田サルベージ建設㈱取締役
- 　　　　　東京支社　海洋開発部長

秋山　充良（あきやま　みつよし）
- 1997 年　東北大学工学研究所　土木工学専攻修了
- 1997 年　日本工営㈱入社
- 1998 年　東北大学助手
- 2007 年　東北大学准教授
- 2011 年　早稲田大学創造理工学部教授
- 　　　　　博士（工学）

社会基盤施設の建設材料

2017 年 4 月 11 日　初版第 1 刷発行

検印省略

	著　者	関　　　　博
		井上　　武美
		木村　　秀雄
		秋山　　充良
	発行者	柴山　斐呂子

発 行 所　**理工図書株式会社**

〒102-0082　東京都千代田区一番町 27-2
電話 03（3230）0221（代表）
ＦＡＸ03（3262）8247
振替口座　00180-3-36087 番
http://www.rikohtosho.co.jp

© 関　　博　2017　Printed in Japan
ISBN978-4-8446-0860-8
印刷・製本　丸井工文社

＊本書の内容の一部あるいは全部を無断で複写複製（コピー）することは、法律で認められた場合を除き著作者および出版社の権利の侵害となりますのでその場合には予め小社あて許諾を求めて下さい。
＊本書のコピー、スキャン、デジタル化等の無断複製は著作権法上の例外を除き禁じられています。本書を代行業者等の第三者に依頼してスキャンやデジタル化することは、たとえ個人や家庭内の利用でも著作権法違反です。

★自然科学書協会会員★工学書協会会員★土木・建築書協会会員